불안한 사람들을 위한 천체물리학

불안한 사람들을 위한 천체물리학

리치아 트로이시 지음
김현주 옮김
문홍규(한국천문연구원) 감수

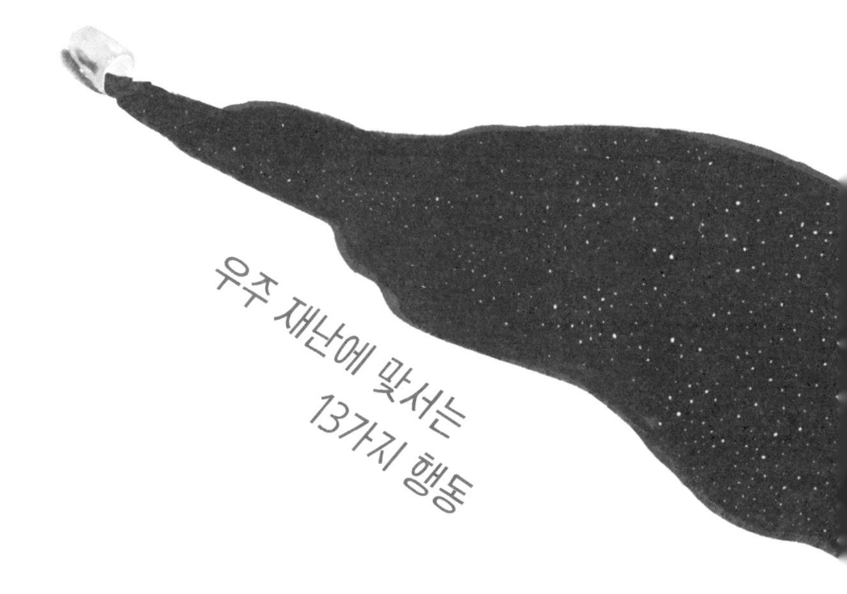

우주 재난에 맞서는 13가지 행동

플루토

감수자의 글

리치아 트로이시는 이탈리아의 유명한 판타지 작가다. 23세 되던 해에 《바람의 땅 니할Nihal della Terra del Vento》(2004)을 처음 세상에 내놨는데, 이 책은 《신흥 세계의 연대기Cronache del Mondo Emerso》(2004~2014)라는 3부작 가운데 첫 책이다. 2년 뒤 두 번째 3부작 《신흥 세계의 전쟁Le Guerre del Mondo Emerso》(2006~2007)을 출판한 그는 여세를 몰아 《신흥 세계의 전설Leggende del Mondo Emerso》(2008~2010)로 독자들에게 다가간다. 리치아는 판타지 세계인 '이머지드 월드Emerged World, Mondo Emerso'를 창조해냈고 독자들을 그 독특한 환상의 세계로 이끌어, 이탈리아에서 가장 성공적인 판타지 작가가 된다. 그의 연작 소설 가운데 일부는 만화책으로도 나왔다.

같은 시기에 그는 《드래곤 걸Ragazza Drago》(2008~2012)을 출간한 데 이어 《나시라의 왕국Regni di Nashira》(2011~2015)과 《판도라

Pandora》(2016~2018), 《도미니언 사가La saga del Dominio》(2016~2018)를 출판했다. 그는 숨 돌릴 틈도 없이 《조이와 루의 불가능한 사례I casi impossibili di Zoe&Lu》(2019~2022)와 《다중우주의 전쟁Le Guerre del Multiverso》(2022~2023)을 잇따라 내놓는다. 이탈리아에서만 90만 부 가까운 책을 펴내 밀리언셀러 작가로 등극한다. 그의 연작이 독어와 불어, 스페인어와 포르투갈어, 네덜란드어, 리투아니아어 말고도 러시아어와 폴란드어, 루마니아어판으로 나온 것은 놀라운 일이 아니다.

어린 리치아는 읽기를 배우자마자 글쓰기에 손을 댄 신동이었다고 한다. 그는 자라서 로마의 토르베르가타 대학교Università degli Studi di Roma Tor Vergata에서 천문학을 연구해 박사학위를 받았다. 그 후엔 이탈리아우주국에서 일하다가 토르베르가타 대학교에서 연구와 집필에 전념하고 있다.

세상의 종말은, 끝 모를 나락으로 추락하는 것 같은 공포와 함께 우리의 상상을 자극해왔다. 인류는 저 찬란했던 문명의 쇠락을 지켜보면서 광활한 우주의 미래에 관해 탐구하기 시작한다. 지식이 늘수록 그에 비례해 지구 멸망 시나리오는 다양해졌으며, 더욱 정교해진다. 책과 영화는 그러한 시류에 편승해 인간의 나약한 공포심을 부추긴다. 천문학자이자 베스트셀러 작가인 리치아는 소행성들과 언젠가는 태양계를 집어삼키게 될 우리 별 태양으로부터 출발한다. 이어 가까운 곳에서 폭발하면 지구 생명을 초토화할 수 있는 초신성과 모든 것을 삼켜버리는 블랙홀, 반물질에 이르기까지 우주발 지구 멸망 시나리오를 꼼꼼하게 점검한다.

그는 책을 펼쳐든 독자들의 손을 붙잡고 그런 가상 시나리오가 정말 설득력 있는지, 걱정할 만큼 위협적인지 친근한 말로 이해를 돕는다. 십 대 딸을 둔 엄마처럼 이탈리아 사람답게 활기 넘치는, 쉬운 언어로 이야기를 술술 풀어가는 솜씨가 놀랍다. 그는 인류 생존을 위협하는 가장 심각한 존재는 바로 우리 자신이라고 못박는다. 책을 덮은 뒤 환청처럼 남는 그의 외침에는 거부할 수 없는 힘이 있다. 리치아 트로이시는 말 그대로 타고난 이야기꾼이다.

이 책은 그러나 만만치 않다. 감수자는 본문에 나오는 니오와이즈NEOWISE 팀과 협력했고, 미국항공우주국NASA 다트 연구팀DART Investigation Team에 참여했으며, 충돌의 주기성에 관한 논문도 두 편 썼다. 그러나 피부과 전문의와 외과 수술의가 하는 일이 다른 것처럼 천문학에도 분야별 전문가가 따로 있다. 《불안한 사람들을 위한 천체물리학》은 천문학의 여러 주제를 다룬다. 고심 끝에 플루토 편집자와 협의해 한국천문연구원 동료들에게 2차 감수를 부탁했다. 그래서 3장과 4장은 권윤영, 6, 11장은 신민수, 7, 12장은 홍성욱, 8, 9장은 김진호 박사가 추가 감수를 맡았다. 나와 비슷한 일을 하는 정안영민 박사도 1, 2, 5장을 손봤다. 이들은 과학적으로 적확지 못한 표현과 미세한 느낌의 차이를 하나도 놓치지 않았다. 호의와 노고에 감사드린다.

문홍규 한국천문연구원

차례

프롤로그

어릴 때 부모님의 책장에 꽂혀 있던 전집을 읽은 적이 있다. 지금은 구할 수 없는 책이다. 제목은 《재앙!Catastrofi!》이다. 제목 끝에 느낌표가 붙어 있었고, 표지에는 낯설고 초라한 행성을 향해 우주선이 죽음의 광선 같은 것을 발사하는 장면이 그려져 있었다. 아이작 아시모프Isaac Asimov라는 저자의 이름에서 1980년대 분위기가 물씬 느껴졌다. 아시모프는 주세페 리피Giuseppe Lippi(이탈리아의 작가이자 번역가, 문학평론가—옮긴이)와 함께 그 책을 편집했고, 이탈리아어판을 출간하는 일을 담당했다. 나는 나중에 리피를 직접 만나기도 했다.

이 전집은 세상의 종말이라는 하나의 주제를 중심으로 과학소설을 모아놓은 책이었다. 지구가 파괴되는 이야기로 시작해 범위를 점점 넓혀서 우주 전체가 파괴되는, 재난의 범위와 강도가 더 강력해지는 내용으로 구성됐다. 그 책을 얼마나 좋아했던지 부모

님 몰래 챙겨와 지금도 내 책장에 꽂혀 있다. 아시모프도 그 주제에 흠뻑 빠져, 전집이 나오기 몇 년 전에 같은 내용을 대중적인 눈높이에서 쓴 책을 낸 적이 있다. 책의 핵심은 '지구의 생명을 파괴할 정도로 위협이 되는 것은 무엇인가'였다. 제목이 《선택적 재앙 Catastrofi a scelta》인 그 책도 내 책장에 꽂혀 있다.

재난은 늘 우리를 매료시켜왔다. 어느 고대 민족에게 인간의 역사가 영원히 계속되는 운명에 갇힌 것이었다면 어땠을까? '요한의 계시록'은 신이 이 땅에 강림하는, 엄청난 경이와 세상을 뒤흔드는 격변을 상상한 것에 지나지 않으리라. 여러 문화권에서는 인간의 역사를 종말로 치닫는 직선이라고 보고 있다. 그 끝은 때로는 긍정적으로, 또 한편으로는 묵시적으로 그려지기도 한다. 지금까지 여러 종말론이 등장했다. 가장 최근인 2012년에 나온 종말론은 존재하지도 않았던 고대 마야의 예언을 근거로 나왔다. 그 예언은 일어나지 않았다. 그렇기는 해도 누군가의 말에 따르면 문명의 붕괴로 이어질 수 있다던, 《요한계시록》에 나오는 1999년 인류의 종말과 2000년에 이뤄진다는 천년왕국, 밀레니엄 버그에 대한 공포는 잊기 바란다. 이번 팬데믹의 암흑기를 거치면서 우리는 훨씬 구체적인 공포를 직접 느꼈다. 최근에는 급변하는 지정학적 상황에 원자폭탄의 위협까지 가세해 공포가 더욱 심해지고 있다.

그렇다고 우리가 현실을 직접 확인할 필요는 없다. 최근 나온 재난 영화 가운데는 우리가 본 영화도 꽤 많다. 〈컨테이젼Contagion〉(스티븐 소더버그 감독, 마리옹 꼬띠아르, 맷 데이먼, 기네스 펠트로 주연. 신종 감염병 유행에 따른 공포와 사회적 혼란을 다룬 영화—옮긴이)은 팬데믹 초반에 우리 주변에서 일어나는 일들을 따져보고 해결책을 찾는 기회가 됐다. 우리가 종말에 대해 떠드는 것은 어쩌면 귀신을 쫓아내듯 종말을 몰아내기 위해서인지도 모른다. 지금 우리가 가진 것을 더 잘 알기 위해서이거나, 어쩌면 종말이 올 때 대비하기 위해서일 수도 있다. 그래서 이 책까지 오게 되었다.

몇 년 전 나는 안타깝게도 단발성으로 끝난 '책의 시간Tempo di Libri'이라는 축제에 참가했다. 그 행사에서 천문학자 산드라 사발리오Sandra Savaglio, 축제 큐레이터를 맡은 작가이자 수학자 키아라 발레리오Chiara Valerio와 함께 과학 홍보 회의에 참여했다. 어쩌다 그랬는지는 기억나지 않지만, 우주가 우리를 초신성과 소행성 같은 것들로 쫓아내려고 한다는 이야기를 하게 됐다. 처음 이 책을 쓰겠다는 아이디어를 얻고 제목까지 생각하게 된 것은 바로 그 회의 때문이었다. 내가 이 내용을 다루고 싶은 생각에 골몰한 데다 상상력을 더 보태 재난에 관한 시나리오를 아주 세세한 부분까지 그릴 수 있었다. 그런데 우주 재난에 관해서는 그렇지 못했다. 우주에서 일어나는 특별한 일들을 천문학이라는 나의 전문 분야와 연결하게 됐다. 일단 내가 이야기하려는 내용에 관해 다른 사람들보다 잘 알고 있기 때문이다. 대개 잘 아는 것에 대해서는 두려움이 덜하기 마련이다. 인간이 자신 그리고 우주에 관해 알아내려고 했던 것도 아마 그런 이유 때문일지도 모른다. 그렇게 여기까지 왔다.

신문에는 소행성이 접근해 지구를 파괴한다거나, 유럽입자물리연구소CERN에서 개발하는 인공 블랙홀이 지구를 삼켜버리게 될 것이다와 같은, 사람을 놀라게 하는 제목의 기사가 자주 나온다. 그런 기사를 읽을 때마다(일반적으로 이런 기사들은 늘 정확한 근거가 없거나 과장돼 있다) 이런 의문이 생긴다. 왜 이렇게 좁게 생각하는 걸까? 우리가 두려워하는 게 파괴라면, 왜 소행성이나 마이크로 블랙홀처럼 통속적인 것만 생각하고 별의 폭발이나 은하의 충돌, 우주의 운명과 종말 같은 것은 돌아보지 않을까? 우주에는 우리를 멸망시킬 방법이 수없이 많다.

여러분에게 겁을 주려는 것은 아니다. 롤랜드 에머리히Roland Emmerich 감독의 영화 가운데 〈디스트럭션The Noah's Ark Principle〉이 있다. 기상 관측 우주선에서 진행된 비밀 실험으로 인해 수백만 명이 사망하는 대규모 홍수가 일어난다. 이 영화에서처럼(물론 과학적 타당성은 훨씬 더 높기를 바란다) 독자들이 안전한 상황에서 재난의 미래를 상상하도록 돕고, 재미를 불어넣으려는 것뿐이다. 우리가 알아보게 될 우주 재난은 가능성이 굉장히 낮고, 일어날 확률이 거의 없는 것도 있다. 그런 사건이 일어날 가능성이 있는 일에 대해선 천문학자들이 그렇게 되지 않도록 지금도 연구하고 있다. 어떤 것은 이론적인 추측에 불과하지만, 또 어떤 것은 과학적으로 확실한 경우도 있다. 하지만 아주 먼 미래에나 일어날 수 있는 일이니 실제로는 걱정하지 않아도 된다. 이를테면 놀이공원에서 롤러코스터를 탈 때나 유령의 집에 들어가는 것처럼 지극히 안전한 상황에서 맛보는 스릴 같은 거라고 할 수 있다.

왜냐하면(스포일러 좀 하겠다!) 너무 당연하지만, 우리는 우주가 수많은 방법으로 우리를 멸망시킬 수 있다고 해도 아무것도 효과적이지 않다는 것을 알게 될 테니 말이다. 우리가 굴러가는 바퀴를 멈추려고 당장 막대를 걸어야 할 만큼 코앞에 닥친 위험은 없다. 저 어둡고 광활한, 그리고 위험이 가득한 우주를 생각해보자. 여신들이 마법의 주문을 외우는 것처럼 우리를 한입에 집어삼키는 위협이 도사리는 우주에서, 지구는 안전을 지켜주는 유일한 피난처다. 그러니 먼 미래에 현실이 될지도 모르는 그 많은 위협 속에서 지구를 우리 손으로 망가뜨리면 안 된다.

이제 우주에 도사리는 그 위협이 어떤 것인지 알아보기 위해 출발해보자. 지금 바로 출발할 테니 팝콘도 준비하시고!

1

하늘이 머리 위로 떨어질 때

평소와 다를 게 없었던 중생대 백악기의 어느 날이었다. 어쩌면 밤이었는지도 모른다. 그 당시 지구에는 식물이 번성했다. 동시에 크기도, 형태도 다채로운 파충류의 일족인 공룡이 지구를 지배하고 있었다. 파충류 가운데는 아주 작은 것도 있었지만, 육지를 지배하던 공룡과 하늘을 장악하던 익룡에 비하면 굳이 말할 필요까지 없을지도 모른다. 어쨌든 상황은 곧 뒤바뀔 운명이었다.

며칠 전부터 하늘에 새로운 '별'이 나타나 점점 밝아지고 있었다. 불행히도 지금 우리가 아는 한, 그 새로운 별이 무엇인지 이해할 수 있는 지적 수준을 갖춘 생명체는 지구에 없었다. 그런 생물이 살았다고 해도 그 별에 이렇다 할 영향을 주지 못했으리라. 하늘에 나타난 그 별은 거대한 소행성이었으며, 지구와 충돌하기 직전이었다. 아니면 혜성이었을 수도 있다. 여기에 대해서 우리는 아직 확실하게 아는 게 없다.

그 순간 공룡들이 무슨 생각을 했는지, 마지막 순간에 하늘에서 무엇을 보았는지 알 수 없다. 도망을 쳤다거나 호기심 가득한 눈으로 하늘을 올려다봤을 거라는 상상 정도는 해볼 수 있겠다.

우리가 아는 것은 지름이 10~14킬로미터인 천체가 지구 충돌 경로에 진입해 멕시코에서 수역이 낮았던 유카탄반도에 충돌했다는 것이다. 비교하자면 지구에서 제일 높은 약 8.8킬로미터의 에베레스트산보다 길다. 이 천체가 지구에 충돌할 당시 시간당 약 7만 2,000킬로미터의 속도였던지라 파괴력은 대단했다. 국제우주정거장은 약 400킬로미터 상공에서 우리 머리 위로 시간당 2만 8,000킬로미터의 속도로 움직인다. 이 충돌로 방출된 에너지는 히로시마에 투하된 원자폭탄보다 3,000배나 강력한 수소폭탄인 차르봄바Tsar Bomba보다도 수백만 배 강했던 것으로 추정된다. 차르봄바는 지금까지 시험한 가장 강력한 핵폭탄이다.

이때 생긴 충돌구는 지름 200킬로미터에 깊이는 20킬로미터다. 충돌 지점에 있던 물은 증발됐고 암석까지 녹았으며, 2만 5,000톤의 잔해가 대기 중으로 튀어나갔다. 그중 일부는 지구 중력을 벗어날 정도로 빠른 속도로 튕겨나가 화성과 목성, 토성의 위성을 포함한 태양계 바깥쪽까지 날아갔다. 당시에 만들어진 충격파는 지구 대기와 바다를 통과해 수천 킬로미터의 지역을 파괴했고, 파괴 반경 안에 들어간 모든 생명체를 금세 불태워버렸다. 동시에 수백 미터 높이의 파도가 만들어졌으며, 거대한 쓰나미가 일어나 지구를 돌면서 모든 바다를 뒤덮었다. 육지에서도 마찬가지였다. 순간 강도가 무려 10에서 11에 달하는 엄청난 지진이 발생했다. 충돌로 발생한 에너지로 용융된 암석이 튀어올라 지구 상층 대기에서 텍타이트Tektite라는 구슬 같은 고체로 굳었다. 텍타이트는 다시 무시무시한 우박처럼 변해 땅으로 떨어지기 시작한다.

이 모든 일이 진행되는 동안 소행성은 충격으로 완전히 파괴됐고, 충돌로 인해 만들어진 잔해는 대기로 퍼져나가 지구 곳곳 구석구석까지 날아갔다. 처음에는 활활 타는 구름이 충격이 발생한 북반구에서, 그다음에는 수천 킬로미터 떨어진 지역까지 불바다로 만들었다. 과학자들은 숲의 70퍼센트가 연기로 뒤덮였고, 대기 중에 잔해와 먼지가 점점 더 늘어났다고 추측한다.

그 이후에도 상황이 나아지기는커녕 몇 달 동안 먼지가 대기를 뒤덮었다. 핵폭탄 투하를 경험하지 못한 전후세대임에도 왜 우리는 이것을 가리켜 '핵겨울'이라고 부르는 걸까? 소행성 충돌 직후 대기를 덮은 먼지는 햇빛을 막아 하늘이 어두워졌고, 그 결과 식물의 광합성이 급격하게 줄어들었다. 식물은 말라 죽기 시작했고, 그로 인해 연쇄적으로 먹이사슬이 무너져버렸다. 그 시기에 생명체의 형태를 갖춘 것 중 75퍼센트가 멸종됐으며, 당시에 지구에 살던 거의 모든 생명체가 목숨을 잃었을 것으로 추정된다. 6,600만 년 전 어느 평화로운 날 일어난 일이다. 여러 과학자에 따르면 그때 공룡이 멸종한 것으로 보인다.

공룡을 멸종시킨 소행성이 지구에 충돌한 사건은 다양한 크기의 천체가 지구와 충돌한 것 가운데 가장 많이 알려졌고, 가장 많이 연구된 것만은 확실하다. 그렇다고 백악기 말에 대량 멸종을 일으킨 것이 이 사건 하나뿐이었다고 단정할 수는 없다. 그와 관련된 다른 자연현상과 여러 화산이 동시에 분출한 것 같은 다른 중요한 사건도 영향을 끼쳤을 수 있다. 이 충돌 사건을 시간에 따라 재구성한 시뮬레이션 말고도 당시에 일어난 일들을 뒷받침하는 다양한 증거가 발견됐다. 우리는 백악기 말에 일어난 충돌에 관해 꽤 많은 정보가 있다.

가장 유명한 초창기 증거 가운데 하나는 이탈리아의 구삐오 인근 보타치오네Bottaccione 협곡에 있다. 이곳에는 눈으로 보이는 지층 사이에, 지구 표면에서 상당히 희귀한 광물인 이리듐Ir이 일반 지층보다 60배 더 많이 포함된 층이 있다. 이리듐은 소행성에 다량으로 존재하는 데다 그 지층은 정확히 백악기 멸종 시기와 일치한다. 이 지층을 발견한 과학자들은 지구가 거대한 소행성과 충돌한 결과일 거라고 가정했다.

최근에 발견된 증거도 있다. 지난 2019년 10년 동안 진행한 연구 결과가 공개됐다. 미국 노스다코타주와 사우스다코타주, 몬태나주, 와이오밍주 사이에 있는 고생물학 유적인 헬 크릭Hell Creek을 연구한 결과다. 이 논문에서 연구자들은 그 운명의 날, 쓰나미에 휩쓸린 동물들의 잔해를 발견했다고 밝혔다. 어류와 식물의 잔해와 함께 충격으로 만들어진 것이 확실한, 지구의 다른 지역에서 발견된 텍타이트와 아주 비슷한 것도 있었다.

마지막으로 《네이처Nature》에는 그 운명의 날이 북반구의 어느 봄날에 일어났을 거라는, 사건을 재구성한 최근의 연구가 실렸다. 과학자들이 재난이 일어난 시점에 서식하던 물고기 화석을 분석해보니 그 사건이 일어난 계절이 봄이었다는 증거를 발견했기 때문이다. 물고기의 화석을 보면 뼈는 색깔이 다른 층을 이루는데, 짙은 색을 띠는 층은 봄과 여름에 나타난다.

우리는 결국 행성 재난이라는 엄청난 사건에 관해 꽤 많이 알고 있는 셈이다. 그렇다고 그런 사건이 지구 역사에서 단 한 번만 일어난 것은 아니다. 앞으로 다시 반복될 수도 있다.

이제부터 소행성과 혜성이 어디서 왔는지 알아보자. 소행성과 혜성은 태양계 형성 과정에서 남은 잔해다. 태양계가 처음 탄생하던 때 먼지와 가스 구름이 회전하면서 납작한 원반 형태가 됐다. 그 원반에서 밀도가 높은 중심에서는 중력에 의해 천천히 태양이 형성됐고, 주변에 남은 물질은 중력으로 응축돼 행성과 행성에 딸린 달들이 됐다. 초기 구름 속에 있던 물질의 1퍼센트 미만에 해당한다. 이러한 현상은 첨단 천체 관측 시설 덕분에 확인할 수 있게 됐다. 요즘은 우리은하 어딘가에서 일어나는 일들까지 어떤 경우에는 실시간으로 알 수 있다.

초기에 이러한 성간구름을 이루던 물질이 전부 태양이나 행성, 그 행성들의 달이 된 것은 아니다. 여러 이유로 어떤 지역은 거대한 구조를 만들지 못하고 작은 구조로 남기도 한다. 태양을 기준으로 태양계에서 네 번째와 다섯 번째 행성인 화성과 목성의 궤도 사이에 이런 작은 천체가 많이 분포한다. 초기에 만들어진 가스와 먼지 원반에서 이런 먼지 입자는 목성의 엄청난 중력으로 수십 킬로미터가 넘는 천체로 성장하지 못했다. 그래서 이 지역에는 대부분 철이나 암석으로 된 작은 천체들만 남게 됐다. 이러한 천체를 소행성이라고 하며, 그런 천체가 많은 지역을 소행성대Asteroid belt라고 부른다.

다른 지역은 지구와 더 가깝다. 트로이 소행성, 즉 지구와 태양이 중력의 균형을 이루는 지점 부근에서 태양 주위를 공전하는 소행성 그룹이다. 이런 지점을 라그랑주점Lagrange point이라고 한다. 이곳에서는 중력의 균형으로 인해 머무는 천체의 궤도가 아주 안정적이다. 실제로 라그랑주점은 여러 탐사선이 태양을 공전하면서 임무를 수행하는 경우가 많다. 일례로 우리은하에 있는 별의 위치와 운동을 아주 정밀하게 측정하는 임무를 띤 가이아Gaia 우주망원경이 이곳에 있다. 트로이 소행성은 지구 외에 태양계의 다른 행성 궤도에서도 발견된다. 트로이 소행성이 있는 지역 가운데에는 목성과 화성이 있는데, 이들은 화성과 목성 궤도에서 행성(화성 또는 목성)을 앞질러 가거나 뒤따라 공전한다.

소행성 말고 혜성도 있다. 소행성과 혜성의 차이는 본질적으로 두 가지로 구분한다. 먼저 구성이 다르다. 소행성은 주로 암석과 금속으로 이뤄진 반면, 혜성은 그런 물질 말고도 얼어붙은 기체를 포함한다. 그 밖에 소행성과 혜성은 궤도와 원산지라고 할 수 있는 탄생 지역이 다르다. 혜성은 전형적으로 기다란 타원궤도를 공전하며, 일반적으로 태양계 외곽 지역에서 온다. 천문학자들은 이들 상당수가 오르트 구름Oort cloud이라는, 태양계 전체를 구형태로 둘러싼 지역에서 왔다고 추측한다. 이 구름의 존재에 관해 이론적으로 예측되기는 했지만, 거리가 너무 먼 데다 여기에 속한 혜성 핵이 너무 어두워서 실제 발견으로 이어지지는 못했다.

또 한 가지, 혜성과 소행성의 눈에 띄는 차이는 형태다. 혜성에는 꼬리가 있다. 꼬리는 혜성이 궤도를 따라 운동하면서 태양에서 가장 가까운 거리를 지날 때만 뻗는다. 태양과 가까워지면서 혜성을 이루는 기체가 승화돼 태양 빛에 의해 빛을 발하는데, 이게 바로 혜성의 꼬리다. 그러나 우리의 관심을 끄는 것은 이런 천체의 위험성과 우리를 멸종시킬 수 있는 파괴력이다.

우리는 천체가 지구와 충돌하는 이야기부터 시작하려고 한다. 여러분도 최근 로켓이(일반적으로 중국산) 통제되지 않은 상태로 지구 대기에 들어온다는 이야기를 자주 들었을 것이다. 제2차 세계대전 이후 인류는 지구 주변 공간을 여러 잡동사니와 폐기물로 가득 채웠다. 대부분은 더 이상 쓸 수 없는 인공위성이나 로켓 파편, 분진을 비롯해 더 필요하지 않은데, 저 위에서 계속 공전하는 물체들이다. 이들은 국제우주정거장ISS과 우리가 궤도에 발사하는 모든 물체를 위협할 수 있다. 작은 파편이지만 굉장히 속도가 빠르기 때문에 우주정거장은 물론이고, 우리가 우주로 쏘아올리는 로켓과 인공위성을 손상시킬 수 있다. 그래서 이 물체가 어디에 얼마나 돌고 있는지 추적하고, 그 위험성을 평가하기 위한 프로젝트를 기획하고 있다.

이 물체들이 우리 머리 위로 떨어져 사람이 다칠 확률은 굉장히 낮다. 아주 작은 물체라 지구 대기에 들어온다고 해도 대기 분자와의 마찰로 땅에 떨어지기 전에 완전히 타버린다. 그러나 로켓이 통제되지 않은 상태로 재진입하는 경우라면 이야기가 달라진다. 약간의 설명이 필요한 이유다. 일반적으로 무엇인가를 궤도에 올리기 위해 로켓을 발사하는데, 이때 지구로 되돌아오는 여정까지 계획한다. 일론 머스크Elon Musk의 Space X 로켓은 수직으로 착륙하고, 재활용하기 위한 목적으로 만든다. 이렇게 정밀한 수준까지 이르지는 못하더라도 일반적으로 로켓의 회수는 통제된 방식으로 이뤄진다. 그래서 낙하지점을 대략 설정할 수 있다. 앞에서 이 물체들의 크기가 작다고 하기는 했지만, 대기를 통과한 뒤에 일부 파편이 지면에 닿을 가능성을 완전히 배제할 수는 없다. 어쨌든 상황이 항상 순조롭게 펼쳐지는 것은 아니다. 어떨 때는 회수할 수 있는지, 아닌지에 관해 예측할 수 없는 경우도 생긴다. 그렇다고 두려워할 필요는 없다. 지구는 70퍼센트가 바다로 덮여 있으므로 커다란 물체가 도달한다고 해도 물속으로 떨어질 가능성이 훨씬 높다.

그러나 앞서 언급한 것처럼 불안에 시달리는 독자라면 놀랄 만한 게 한 가지 더 있다. 공룡들이 경험한 사건은 분명히 다시 일어난다는 점이다. 지구는 그 긴 역사 동안 곳곳에서 치명적인 충돌을 경험했다. 어떤 이론에서는 지구가 형성된 지 몇 억 년 지난 후에도 여전히 액체 상태로 있다가, 똑같이 액체로 된 테이아Theia 또는 오르페우스Orpheus라고 불리는 화성만 한 천체와 충돌하면서 떨어져나온 게 달이라고 한다. 그때 떨어져나온 조각이 오늘날 지구의 위성이 됐다.

충돌 사건의 좋은 예는 오래전까지 거슬러 올라갈 필요도 없다. 1908년 시베리아 숲에서 하룻밤 사이에 수천만 그루의 나무가 쓰러지는 일이 일어났다. 이것을 퉁구스카 폭발Tunguska event이라고 한다. 퉁구스카 폭발은 약 10~15킬로미터의 상공에서 수십 미터 크기의 혜성이나 소행성이 폭발해 발생한 것이라고 추정된다. 그보다 더 최근에 일어난 사건으로는 2013년에 일어난 첼랴빈스크Chelyabinsk 폭발이 있다. 사건이 일어난 곳은 이번에도 러시아다. 이 나라가 특별히 혜성과 악연이 있어서가 아니라 워낙 면적이 넓어 충돌 가능성이 높은 것뿐이다. 당시에 지름 15미터쯤 되는 작은 소행성이 첼랴빈스크시 상공에서 산산조각 났다. 그 당시 충격의 여파로 1,500여 명이 부상을 입었으며, 7,200개가 넘는 건물이 손상됐다. 인터넷에서 당시에 찍은 영상을 찾아보면 정말 충격적이다. 우리에게 그렇게 큰 감동을 선물하는 유성(별똥별)도 지구 대기에서는 그저 불타는 잔해일 뿐이다.

말하자면 우리는 움직이는 표적이다. 하지만 지표에 닿지 못하고 타버리는 작은 천체와 공룡을 멸종시켰으리라 추정되는 소행성은 전혀 다르다. 정말 그런 일이 일어날까? 장기적으로 보면 그런 사건이 일어날 경우 우리 모두는 목숨을 잃을 것이라는 합리적인 확신을 할 수 있다. 진짜 궁금한 것은 '그런 일이 일어날 가능성이 얼마나 될까'이다. 그 가능성은 상황에 따라 다르다. 첼랴빈스크 폭발과 비슷한 사건은 60년마다, 퉁구스카 폭발과 비슷한 사건은 600년마다 일어나는 것으로 추정된다. 충돌로 인한 파괴는 극히 제한적이다. 어쩌면 불덩이가 머리 위로 떨어지는 것을 본 퉁구스카 지역의 동물들이나 첼랴빈스크시 사람들에게 이렇게 말하면 안 될지도 모른다. 그러나 그런 사건은 인류는 물론 지구 생명을 멸종시킬 정도는 아니었다. 이러한 사건이 일어나는 주기는 평균 2,000만 년이다. 확률로 따져보면 그만 한 크기의 소행성이 1년 안에 우리 머리로 떨어질 확률은 2,000만분의 1이다. 참고로 우리는 모두 평생 107분의 1이라는 교통사고 사망 확률을 안고 살아간다.

우리가 머리 위로 떨어지는 운석에 제대로 맞을 확률은 160만분의 1로 예측된다. 아주 낮은 확률이다. 기록으로 남은 사례도 거의 찾아볼 수 없다. 1954년 앤 엘리자베스 호지Ann Elisabeth

Hodges의 예는 지금까지 알려진 사례 가운데 가장 유명하다. 자신의 집에 있다가 지붕을 뚫고 떨어진 운석에 옆구리를 맞은 사건이다.

그러나 여러 사건에서 본 것처럼 합리적으로 추정할 수 있을 만큼의 시간을 기다린다면, 언젠가 지구에서 또 다른 충돌 재난이 일어나는 것을 보게 될지 모른다. 확률이 낮다고 해도 불안이 많은 사람은 자신의 목숨을 구할 방법이 있어야 비로소 안전하다고 느낀다. 우리는 그런 방법을 연구하고 있으며, 그중 몇 가지는 이미 성공했다.

최대한 많은 소행성의 궤도를 정밀하게 목록으로 만들어 파악할 수 있는 관측 프로그램이 있다. 그중 가장 흥미로운 것은 근지구천체Near Earth Objects, NEO다. 근지구천체는 궤도가 지구궤도와 교차할 확률이 높은 소행성과 혜성들이다. 궤도가 교차한다고 해서 반드시 충돌하는 것은 아니다. 지름이 약 1만 3,000킬로미터인 지구는 태양을 중심으로 무려 9억 2,400만 킬로미터가 넘는 궤도를 따라 움직인다. 충돌이 일어나려면 소행성 궤도가 지구궤도와 교차할 뿐 아니라 소행성이 지구궤도와 만나는 시점에 정확하게 그 위치가 지구와 겹쳐야 한다.

요즘 위험한 소행성이 발견됐다는 소식이 자주 신문에 실린다. 이런 소행성은 보통 지구를 타격할 위험이 큰 천체들이다. 이 점에 대해서는 나중에 다시 짚어보자. 하지만 충돌 가능성이 낮을 뿐 아니라 천체가 발견되자마자 예측한, 확률이 지나치게 높게 추정된 값이기 때문에 대체로 걱정하지 않아도 된다. 이런 천체를 발견한 뒤 시간이 어느 정도 흐르면 데이터가 쌓이면서 궤도 정보가 축적된다. 그래서 충돌 위험이 급격하게 떨어지는 경우가 대부분이다. 발견되자마자 지구에 타격을 줄 확률이 굉장히 높았던 천체는 99942 아포피스Apophis다. 아포피스는 언론에서도 많이 다뤘기 때문에 여러분도 들어본 적이 있을지 모른다. 처음 나온 추정에 따르면 2029년에 지구와 충돌할 확률은 37분의 1이었다. 백분율로 2.7퍼센트의 확률은 결코 무시할 수 없지만, 아주 높은 값은 아니다. 실제로 그 이후 이뤄진 연구 덕분에 경보가 해제됐다. 어쨌든 아포피스는 지름이 320미터로 추정되는 천체라서 전 지구적인 재난은 아니더라도 국지적 파괴는 할 수 있다.

99942 아포피스 이후로 그만큼 위협이 되는 물체는 발견되지 않았다. 하지만 우리는 아직 태양계에 있는 소행성들에 대해 모르는 게 많다. 미래 언젠가 우리에게 위협을 줄 킬러는 저 밖에서 발견될 때를 기다리고 있을지도 모른다. 그렇다고 인류가 지난 몇 년 동안 뒷짐 지고 가만히 기다린 것은 아니다.

재앙을 몰고 올 충돌로부터 지구를 지키기 위해 다양한 시스템을 고려했다. 영화 〈아마겟돈Armageddon〉이나 〈돈 룩 업Don't Look Up〉을 본 독자라면 알겠지만, 충돌 재난을 막는 방법 가운데 하나는 소행성 표면이나 그 아래에서 폭발이 일어나도록 원자폭탄을 사용하는 것이다. 충돌 위협이 이미 코앞에 닥쳤을 때 쓸 수 있는 비상조치다. 여기에는 여러 가지 변수가 있다. 한 가지만 말하면 소행성의 내부가 어떤 물질로 어떻게 이뤄졌는지 알아야 하는데, 소행성이 어떻게 쪼개지는지 미리 예측해야 하기 때문이다. 필요하다면 영화처럼 소행성 안에 핵폭탄을 집어넣어 터뜨리는 방법도 있다. 그런가 하면 벌써 시험이 완료돼 앞으로 활용 가능성이 높다고 생각되는 것도 있다. 소행성 궤도 변경이라고 부르는 방법이다. 실제로 이런 기술을 시험한 임무를 다트Double Asteroid Redirection Test, DART, 즉 쌍소행성 궤도변경시험이라고 부른다. NASA에서 진행한 프로젝트이지만, 이탈리아우주국 아시ASI에서도 상당한 기여를 했다.

다트의 표적 천체는 두 개의 소행성으로 이뤄진 쌍소행성 시스템으로, 한 천체가 다른 천체의 궤도를 공전한다. 이 특별한 임무의 목표는 지름 780미터인 소행성 65803 디디모스Didymos(그리스어로 쌍둥이를 뜻하는 말), 그 주위를 공전하는 지름 160미터인 위성 디모포스Dimorphos로 구성된 쌍소행성계다. 이 임무의 목표는 다트 탐사선이 디모포스와 충돌해 공전궤도를 바꾸는 것이었다(한국천문연구원에서도 다트 임무에 참여했다. 연구자들은 보현산천문대 망원경으로 충돌 이전과 이후 디디모스-디모포스의 밝기가 어떻게 달라지는지 측정한 결과를 공유해 공동 논문을 출판했다—옮긴이).

2021년 11월 탐사선이 발사됐고, 2022년 9월 목표를 달성했다.

이 임무에서 다트 탐사선은 충돌로 완전히 파괴됐으며, 충돌 전 다트 탐사선에서 소형 큐브위성인 리치아큐브LICIACube가 분리돼 나왔다. 리치아큐브는 이탈리아에서 맡은 임무였다. 목표는 충돌 결과 어떤 일이 실제로 일어났는지에 관한 데이터를 수집해 디모포스의 궤도가 변경됐는지 확인하고, 지상 망원경으로 추가 관측을 진행해 그 궤도가 얼마나 변경됐는지 분석하는 것이다. 궤도가 최소 73초만 변경되면 성공이라고 예측했었다. 열흘이 지난 2022년 10월, 다트 탐사선 충돌 결과 디모포스의 공전주기가 무려 32분이나 짧아졌다는 사실이 확인됐다. 충돌 전에는 디모포스가 디디모스의 주위를 한 번 공전하는 데 11시간 55분 걸렸지만, 충돌 후 11시간 22분으로 단축됐다. 만유인력법칙은 잘 알려진 것처럼 천체의 운동을 지배한다. 그만큼 공전주기가 줄어들었다는 것은 디디모스가 디모포스와 가까워졌다는 뜻이다. 인공적으로 소행성과 충돌을 일으켜 운동 방향을 바꾸는 일이 가능하다는 사실을 입증한 임무였다.

우리는 불안에 사로잡힌 존재들이다. 그래서 여러분을 안심시켜주려고 한다. 이 임무는 지구는 물론이고 앞으로도 지구를 위협하지는 않을 것이다. 디디모스와 디모포스는 이러한 기술을 완벽하고 안전하게 시험하기 위해 특별히 선택한 천체로, 앞으로 지구와 충돌할 가능성이 없다. 이 쌍소행성이 2123년 지구를 스쳐 지나가는 거리는 500만 킬로미터에 달한다(어느 정도인지 가늠해보자면 달과 지구 거리는 약 40만 킬로미터다). 이 거리가 이번 충돌로 인해 100 킬로미터 정도 변경됐다. 그러니 우리는 안심해도 된다.

분명한 것은 다트 임무는 시험에 불과했지만, 굉장히 중요한 시험이었다는 점이다. 2022년 10월 이전까지 우리는 소행성 충돌로부터 지구를 지키려고 적극적으로 시도한 적이 없었다. 그 이전에는 아이디어와 이론만 있었을 뿐 실제로 해본 것은 이번이 처음이다. 다트는 충돌을 통해 궤도 변경이 가능하며 효과적이라는 것을 입증했다. 우리가 궤도를 바꾸려고 하는 천체가 클수록 우리가 가하는 충격도 커야 하며, 그에 따라 복잡한 문제가 일어날 수 있다는 점을 이미 확인했다. 어찌 됐든 위협을 줄 수 있는 소행성은 미리 발견해야 한다. 우리는 이제 제대로 된 길로 접어든 것 같다.

충돌 위협이 실재하는 것은 사실임에도 불구하고 아주 드물게 일어난다. 우리는 당장 걱정해야 할 일이 더 많다. 그러나 일어날 가능성이 극히 낮더라도 존재 자체를 위협한다는 그 사실 때문에 우리는 대응책을 준비하고 있다. 바로 머리 위에서 하늘이 무너져 내릴 수 있다는, 극히 낮은 확률에 대비해 지구를 지키려고 노력한다는 이야기이다(한국천문연구원에서도 지상 망원경을 이용해 근지구소행성을 발견하고 그 특성을 연구하고 있다—옮긴이).

2

우물 속의 달, 중력

지구 생명체는 독특한 요소들이 조합돼 탄생했다. 다른 곳에서는 지구에 사는 생물들과 같은 생명이 태어나기 쉽지 않다고 생각하는 이들도 있고, 심지어 다른 곳에서는 발견할 수 없을 만큼 독특하다고 믿는 이들도 있다. 무엇보다 지구는 태양과 적당히 떨어져 있다. 그래서 우리가 아는 것처럼 생명에 필수적인 물이 지표에 액체 상태로 존재한다. 게다가 지구는 충분히 무겁다. 지구의 질량은 인간을 포함해 대부분의 생물에 없어서는 안 되는 얇은 대기를 유지하기에 충분하다.

지진이나 화산처럼 우리가 재난이라고 말하는 일들도 생명에 반드시 필요하다는 사실은 잘 알려지지 않았다. 실제로 그런 사건이 일어나지 않는다면 대기에 있는 이산화탄소가 모두 바다로 들어가 바닷속 암석에 고정된다. 우리는 이산화탄소가 문제를 일으킨다고만 생각하기 쉽지만, 대기에서 이산화탄소 농도가 과도하게 높지만 않으면(하지만 현재 이산화탄소 농도는 인간의 활동으로 인해 너무 높은 상태가 됐다) 생명이 살 수 있는 범위 안에서 지구의 온도를 유지하는, 생명에 도움이 되는 온실효과가 일어난다. 이산화탄소는 화산이 폭발하는 동안 대기와 접촉하며 화학적 과정을 거쳐 다시 대기로 방출된다. 그렇다면 과거에 산을 만들었고, 지금도 만들고 있는 것은 무엇일까? 그렇다, 지진이다. 그러면 지구자기장은 어떻게 생겨날까? 자기장은 철과 니켈이 액체 상태로 된 핵 바깥에서 일어나는 대류로 만들어진다. 자기장이 없다면 방사선을 비롯해 우주와 태양에서 나오는 입자들이 치명적일 만큼 많이 쏟아진다.

마지막으로 달에 관해 이야기하려고 한다. 달에서도 이산화탄소가 방출되기는 하지만, 달 역시 지구 생명에 필요하다. 달은 지구의 위성이다. 사실 지구와 달을 묶어 이중 시스템이라고 말하는 것이 더 정확하다. 달만 지구를 공전하는 게 아니라 지구도 달을 공전한다고 말하는 게 맞다. 두 천체로 이뤄진 시스템에서 두 천체가 공전하는 중심은 정확하게 지구 중심이 아니라(지구의 중심에 있다면 지구는 멈춰 있고, 달이 지구 주위를 공전해야 한다), 약 4,600킬로미터 떨어져 있다. 지구 반지름이 약 6,400킬로미터인 것을 생각하면 결코 가깝지 않다. 지구와 달이 공전하는 중심인 공통 질량의 위치는 두 천체의 크기에 따라 결정된다. 실제로 달의 반지름은 지구보다 약 3.7배, 질량은 81배만큼 작다. 이 숫자를 보면 달이 지구보다 작다고 확연히 느낄 수 있지만, 태양계에서 달 말고는 다른 행성과 비교할 때 이만큼 큰 위성은 없다. 화성에는 구 형태를 갖추지 못한 두 개의 위성 포보스Phobos와 데이모스Deimos가 있다. 포보스의 지름은 약 22킬로미터, 데이모스는 약 12.4킬로미터인데, 화성의 반지름은 약 3,400킬로미터다. 기체행성은 위성들의 크기가 더 작다. 100여 개의 위성을 거느린 목성은 반지름이 약 7만 킬로미터에 달한다. 목성 위성 가운데 가장 큰 가니메데Ganymede는 반지름이 2,600킬로미터밖에 되지 않는다.

분명한 것은 달이 지구에 다양한 영향을 미친다는 점이다. 달은(달보다는 덜하지만 태양도) 장동Nutation이라는 현상을 통해 지구의 자전축을 움직이게 만든다. 잘 알려진 것처럼 지구 자전축은 지구가 태양을 공전하는 평면인 황도면의 수직 방향에서 약 23.5도 기울어졌다. 이 축은 지구 자전축을 중심으로 회전하면서 하늘에 커다란 원을 그린다. 원이 완전히 한 바퀴 도는 데 걸리는 시간은 약 2만 5,800년이며, 이것을 세차운동이라고 한다. 장동은 지구 자전축에 나타나는 작은 진동운동으로, 주기가 약 18.6년이다.

우리가 아는 것처럼 달은 바다에서 밀물과 썰물, 즉 조류를 일으키는 주요 원인 가운데 하나다. 본질적으로 중력은 서로 끌어당기는 물체의 질량과 거리에 따라 달라진다. 질량이 클수록 세며, 거리가 멀어질수록 약해진다. 그래서 크기가 지구만 한 천체에서는 달과 가까운 표면에 가해지는 중력과 그 반대편에 미치는 중력에 차이가 생긴다. 그 결과 지구에서 달과 가까운 지역과 그 반대 지역도 살짝 들어올려진다. 이 효과는 암석이 있는 지역은 물론이고 액체로 된 지역에서도 일어난다. 당연히 암석이 물보다 단단하기 때문에 이런 기조력은 바다에서 눈에 띄게 나타난다. 캐나다의 펀디만 같은 일부 지역에서는 밀물과 썰물의 차가 최대 20미터까지 이르기도 한다.

그러나 달은 지구 생명에 영향을 주며, 가장 중요한 것은 지구 자전축의 기울기에 끼치는 영향이다. 장동이 일어나도(어쨌든 미세한 진동이기 때문에 그렇게 큰 영향을 끼치지는 않는다) 달은 지구 자전축의 기울기를 안정적으로 유지한다. 예를 들어 현재 화성 자전축의 기울기는 약 25.2도로 지구와 별 차이가 없다. 하지만 이 값은 약 1,000만 년의 시간 동안 변화한다. 자전축의 기울기가 0도에서 80도까지 바뀔 수 있으니 굉장히 큰 편이다. 행성 자전축의 기울기는 계절을 결정한다. 사람들이 흔히 오해하는 것과 다르게 겨울과 여름은 지구–태양 간 거리가 멀어졌다가 가까워지면서 생기는 것이 아니다. 그렇다. 행성은 타원궤도를 따라 움직이지만, 이심율(원궤도에 비해 궤도의 납작한 정도)은 낮다. 지구궤도에서 태양으로부터 가장 먼 거리(원일점)는 약 1억 5,200만 킬로미터, 가장 가까운 거리(근일점)는 1억 4,700만 킬로미터다. 두 지점 사이의 변화는 약 3퍼센트이며 우리가 느끼는 온도 차, 예를 들어 우리가 사는 위도에서 재는 온도 차를 설명하기에는 충분치 않다.

이러한 온도 차는 햇빛이 지구 표면에 닿는 경사각 때문에 생긴다. 경사각이 작을수록 햇빛이 비스듬히 입사되고, 들어오는 에너지가 줄어서 온도가 낮아진다. 우리는 낮 시간에 이러한 열기를 느낀다. 정오가 되면 지평선을 기준으로 해가 가장 높은 곳에 다다른다. 이때 햇빛이 더 많은 열을 전달해 우리는 피부로 그 열을 느낀다. 반대로 해 질 녘과 새벽에는 햇빛이 비스듬하게 들어온다. 계절이 바뀌면 햇빛이 지표에 거의 수직으로 입사됐다가 비스듬하게 들어오는 주기가 되풀이되면서, 우리 모두가 아는 것처럼 기후에 영향을 끼친다.

이제 달이 어떤 원인으로 하늘에서 사라진다고 상상해보자(어떻게 사라지는지는 나중에 살펴보기로 한다). 어떤 일이 일어날까?

달이 지구 자전축에 대해 미치는 안정화 작용이 일어나지 않아 자전축이 불규칙한 방식으로 움직이기 시작한다. 화성에서 봤던 것처럼 지구 자전축 기울기에 큰 변화가 생긴다. 물론 수천만 년에 걸쳐 일어나겠지만, 어쨌든 우리 지구는 역사상 단 한 번도 겪어본 적 없는 기후변화를 겪게 된다. 그 결과 우리가 아는 생명이 지탱할 수 없는 조건이 된다.

앞서 밀물과 썰물에 관해 알아봤지만, 달이 사라지면 기조력은 그 강도가 굉장히 약해질 수밖에 없다. 달 외에 기조력을 일으키는 것은 태양밖에 없지만, 그 영향은 달에 비해 약 46퍼센트에 지나지 않는다. 이 때문에 태양이 주는 영향은 2차적이라고 생각할 수 있지만, 무시할 수 있는 수준은 아니다. 해류는 온수와 냉수를 섞어 움직이게 만드는 역할을 한다. 밀물과 썰물은 해류에 영향을 미쳐 기후를 안정시키기도 한다. 물은 어떤 물체의 온도를 섭씨 1도 높이는 데에 필요한 열량인 열용량이 크다. 다시 말해 물은 아주 천천히 열을 축적했다가 방출한다. 그래서 일반적으로 해안 지역은 기후가 온화하고, 하루하루 온도 변화가 별로 없을 뿐 아니라 계절이 달라져도 온도가 크게 변하지 않는다. 밤에는 낮에 축적했던 열을 방출하고, 낮에는 다시 열을 흡수하기 때문이다. 대양과 바다는 이처럼 지구의 기후를 조절하는 데 중요한 역할을 한다. 하지만 이게 전부는 아니다.

많은 동물이 밀물과 썰물의 주기에 영향을 받는다. 갑각류나 연체동물, 불가사리는 그 어떤 방법으로도 급격한 조수 변화에 적응하기 어려워질 수 있다. 문제는 여기서 끝나지 않는다. 생태계는 동식물의 다양한 요소가 서로 의존하는 복잡한 시스템이기 때문이다. 해안 지역에서 동식물이 하나 이상 사라지면 나머지 환경 전체에 큰 영향을 줄 수 있다. 덩치가 큰 동물은 영양을 섭취하지 못하고, 동물과 상호 의존 관계에 있는 식물은 사라진다. 어떤 종은 그들의 포식자가 사라질 경우 아무 장애 없이 기하급수적으로 번식하고, 대량 멸종을 일으킬 가능성이 높은 대혼란이 발생한다. 그러면 인간을 포함해 다른 동물들도 살기 어려워진다. 실제로 달빛 덕분에 생활하는 데 잘 적응한 야행성동물이 상당히 많다. 이들은 하늘에서 달이 사라져 훨씬 더 짙은 어둠이 깔리면 방향감각을 잃는다. 반면에 우리는 더 많은 별을 볼 수 있다. 자연적이기는 하지만, 달도 빛 공해를 일으키는 원인 가운데 하나다. 그래서 천문학자들은 달빛이 적은 밤에 주로 지상 망원경을 이용해 관측 연구를 한다. 여러분이 밤에 아주 어두운 곳에 가본 적 있다면 초승달과 보름달이 떴을 때 보이는 별의 수가 굉장히 다르다는 것을 알 것이다.

달은 지구의 자전을 느리게 만드는 경향이 있다. 이것은 기조력 때문인데, 엄청나게 많은 물이 해저를 휩쓸고 지나가면서 생긴 마찰 때문에 일어난다. 1세기마다 지구는 하루가 2.3밀리초ms씩 길어진다. 달이 사라지면 하루가 급격하게 짧아져 열두 시간에서, 심하면 여섯 시간밖에 되지 않을 수 있다. 이렇게 되면 열두 시간마다 빛과 어둠이 교차하면서 생명체의 생체리듬을 교란시킨다. 예를 들어 잠을 자는 것은 거의 모든 생명에 필수적이지만, 하루가 그렇게 짧아지면 모든 생물에 큰 혼란이 일어난다. 게다가 이 정도로 자전 속도가 빨라지면 지구 대기에도 영향을 미쳐 시속 250킬로미터에 달하는 바람을 만들어낼 수 있다. 여러분은 이렇게 물을지도 모른다. 실제로 벌어질 수 있는 일일까?

달은 분명히 지구에서 점점 더 멀어지고 있다. 기조력에 의한 영향 때문인데, 밀물과 썰물로 일어나는 마찰이 지구–달 시스템의 에너지를 감소시킨다. 그 결과 한편으로는 앞서 말한 것처럼 지구 자전 속도를 늦추고, 그 여파로 달이 해마다 지구에서 3.8센티미터씩 멀어진다. 실제로 우리가 그토록 사랑하는 달을 잃어가고 있는 셈이다. 계산해보면 약 500억 년 뒤에 지구와 달 사이의 거리는 최대가 된다. 우주의 나이가 140억 년 정도로 추정된다는 점을 생각하면 여러분은 안심해도 된다. 하지만 몇몇 수치 실험(시뮬레이션) 연구에 따르면 태양의 기조력 때문에 그때까지 일어났던 과정이 역전된다. 그 이후부터 500억 년 동안 달은 지구와 너무 가까워지는 바람에 중력으로 달이 파괴되는 상황에 이른다. 그때가 되면 지구는 토성 같은 기체행성처럼 달이 파괴되어 조각난 잔해물로 이뤄진 고리를 두게 되리라. 이런 시나리오는 과학적으로 설득력이 있기는 하지만, 너무나 먼 미래이기 때문에 벌써부터 걱정할 필요는 없다. 하지만 달을 사라지게 하거나 지구와 충돌하게 만들 수 있는 다른 천체가 있다. 여기서 다시 소행성 이야기를 꺼내야 할 것 같다.

앞에서 말한 것처럼 천체의 궤도를 변경하려면 힘이 작용해야 한다. 17세기에 아이작 뉴턴이 발표한 제1법칙의 결과가 그런 힘이다. 지구-달 시스템에도 두 천체를 붙들어놓는 상태를 지탱하는 힘, 즉 중력이 있다. 태양계의 다른 모든 천체도 마찬가지다. 현재의 상태를 바꾸려면 달이 지구와 충돌하게 하거나 본래 궤도에서 탈출해 영원히 달아나게 할 정도로 강력한 힘이 있어야 한다. 물리적, 수학적 관점에서 보면 불가능한 일이 아니다. 하지만 달에 충격을 가하는 천체의 크기는 물론, 속도와 충돌 각도 등에 따라 달에 전달되는 에너지가 달라진다.

달에는 충돌구(크레이터라고도 하며, 소행성이나 혜성의 충돌로 만들어진 구덩이—옮긴이)가 널려 있다. 달이 일생 동안 그토록 많은 소행성, 혜성과 충돌해왔다는 것을 뜻한다. 더욱이 달은 대기가 거의 없다. 그래서 지표에 떨어지기 전에 불타버려 땅에 자국을 남길 수 없을 만큼 작은 천체도 달에서는 충돌구를 남긴다. 이런 사건은 끊임없이 일어나며, 천문학자들이 목격하기도 한다. 2019년 1월 21일, 소행성이 섬광을 일으키는 모습이 망원경에 포착됐고, 2022년 6월 25일에는 로켓이 달에 충돌해 두 개의 충돌구를 만드는 광경이 관측됐다(우주 쓰레기는 달에 떨어질 수도 있다. 물론 지구에도 떨어진다). 이러한 사건은 우리가 전혀 신경 쓸 필요가 없는 수준에 머물렀으며, 달의 궤도를 바꾸지도 못했다. 지구 생명을 파괴할 수 있는 소행성들도 그런 일은 할 수 없다. 달의 궤도를 바꾸려면 충돌하는 천체가 정말 커야 한다.

태양계에서 가장 큰 소행성은 케레스Ceres로, 지름이 약 939킬로미터다. 케레스는 화성과 목성 사이에 소행성들이 넓게 분포하는 소행성대에서 안정적으로 궤도를 공전한다. 케레스는 왜행성(왜소행성)으로 분류할 만큼 큰 편이다. 케레스를 궤도에서 벗어나게 해서 달과 충돌시키려면 성능이 기가 막힌 핀볼 기계를 만들어야 할지도 모른다. 어쨌든 그런 방법으로 충돌시킬 수 있다고 해도 달을 공전궤도에서 벗어나게 할 수는 없다. 달과 크기가 비슷한 천체를 끌어와 달에 충돌시켜야만 가능하다. 그런데 우리도 알고 있는 것처럼 그런 소행성은 없다. 우리가 아직 찾지 못했다고 말하기도 어렵다. 소행성은 햇빛을 반사해 빛을 내는데, 그만큼 큰 소행성이라면 망원경으로 쉽게 찾을 수 있기 때문이다. 달과 크기가 비슷한 천체를 발견하려면 태양계 행성에 속한 다른 위성으로 시선을 돌려야 한다. 다시 말하지만 그런 위성은 행성 주변의 궤도를 이미 안정적으로 공전하고 있기 때문에 그 궤도에서 벗어나게 하는 또 다른 천체를 찾아야 한다. 어쨌든 우리가 아는 한 태양계에는 단기간에(상대적인 관점에서 단기간이다) 달을 궤도에서 이탈시킬 만한 수단은 없다.

이런 천체가 태양계 밖에서 오는 것을 상상할 수 있다. 실제로 비슷한 사건이 일어난 적이 있다. 2017년에 발견된 소행성 오우무아무아'Oumuamua가 바로 그 예다. 이 소행성이 지나간 궤적을 보면 태양계 밖에서 왔다는 사실을 알 수 있다. 천문학자들은 그 궤적을 계산해 오우무아무아가 행성들 사이를 가로질러 지나간 뒤에는 태양계를 벗어나 사라져갔다는 것을 확인했다. 이 소행성이 어디서 왔는지는 아직 알려지지 않았다. 어떤 모양인지, 무엇으로 이뤄졌는지도 제대로 파악하지 못했다. 오우무아무아는 태양계를 통과해 지나가는 동안 가속됐지만, 그 이유도 명확하게 밝혀지지 않았다. 최근 연구에서는 오우무아무아에 가속이 일어난 것은 표면의 물질 일부가 증발했기 때문이라고 설명한다. 혜성 활동으로 보이는 다른 징후는 나타나지 않았지만, 천문학자들은 혜성일 수 있다는 의견을 보탰다. 심지어 한 천문학자는 외계 우주선일지도 모른다고 했다. 그러나 칼 세이건Carl Sagan(미국 천문학자, NASA의 매리너, 바이킹, 갈릴레오 탐사 임무에 참가—옮긴이)이 말한 것처럼 비범한 주장에는 비범한 증거가 필요하다. 오우무아무아의 모든 특성은 외계 문명을 끌어들일 필요 없이, 일반적인 물리 현상으로 설명될 수 있다. 어쨌든 오우무아무아 덕분에 외계 천체도 태양계에 진입할 수 있다는 사실이 증명됐다. 물론 달궤도를 변경시킬 만한 왜행성이라면, 너무나 거대해 인간의 눈에 띄지 않은 채 지나가는 것은 불가능하다(달만큼 큰 왜행성이 태양계에 진입했다면 밝아서 발견하기 훨씬 쉬웠을 것이다). 이 왜행성은 지나가다가 궤도 변경을 일으킬 수 있다. 하지만 그 모든 일이 일어나 왜행성이 달에 충돌한다고 상상해보자. 정말 그런 일을 일어날까? 상황에 따라 다르다.

진짜 그런 충돌이 일어나면 달이 궤도를 벗어나기보다는 파괴될 것으로 보인다. 그래서 충돌하는 천체와 달은 산산조각 날 확률이 높다. 달은 떠돌이행성이 될 수 없을 뿐 아니라(실제로 떠돌이행성이 있다. 이들은 다른 천체에 거의 영향을 미치지 않는다) 사라지지 않을 것이다. 다만 달은 충돌로 부서진 뒤 조각조각 떨어져나가 제법 규모가 큰 천체로 남으리라. 그리고 부서진 조각의 상당수는 지구로 떨어진다.

달이 없어진다는 것은 우리가 당면한 문제 가운데 제일 순위가 낮을지도 모른다. 앞서 말한 것처럼 달이 사라지는 일은 아주

면 훗날 일어날 가능성이 있는 가설일 뿐 우리가 확신할 수 없는, 확률이 극도로 낮은 사건이다. 그렇다. 세상의 낭만주의자들을 위해, 지구 생명을 위해, 달은 최소 1억 년 동안 저 위에 건재할 것임에 틀림없다. 그러니 부질없는 걱정은 잊어버리자.

3

햇빛 위를 걷다

달에 관해 이야기했으니 이제는 우리 별 태양이다. 태양에는 어떤 위험이 숨어 있을까? 태양이 우리를 해치려고 할까? 어쩌면 그럴지도 모른다.

지구에서 생명이 태어난 것은(지금 남은 흔적을 바탕으로 태어난 지 얼마 안 된 초기 지구까지 거슬러 올라가 보면 최소 37억 년 동안 생명이 유지됐다는 점을 알 수 있다) 놀라운 일이다. 우리가 아는 것처럼 생명은 다양한 요인으로 탄생했다. 그중 햇빛은 제일 중요한 역할을 했다. 지구에서 처음 태어난 유기체 가운데 남세균(시아노박테리아)은 엽록소로 광합성을 한다. 엽록소 광합성은 식물 안에서 일어나는 화학반응이다. 물과 이산화탄소, 햇빛이 공급하는 에너지로 유기체의 생존에 필요한 탄수화물과 폐기물에 해당하는 산소를 만들어낸다. 남세균은 우리가 아는 제일 규모가 큰 멸종을 일으킨 범인 가운데 하나다. 약 25억 년 전에 일어난 이 사건은 모든 혐기성 생명체, 즉 산소가 필요하지 않을 뿐 아니라 산소가 생존에 치명적인 종들을 멸종시킨 사건이었다. 산소 재난이다.

식물이 생존하는 데는 어쨌든 햇빛이 필요하며, 태양은 생명에 필요한 액체 상태의 물이 지구 표면에서 유지될 수 있도록 돕는다. 다시 말해 생명은 태양에 의존하며, 우리가 지구에 사는 것은 이 별 덕분이다. 제일 먼저 떠오르는 질문은 '갑자기 태양이 사라지면 어떻게 될까'이다. 태양이 사라졌다는 사실을 깨닫는 데에는 시간이 걸린다. 태양은 지구에서 멀리 떨어져 있으며(약 1억 5,000만 킬로미터), 태양에서 나오는 빛이 그 거리를 이동하려면 그만큼 시간이 걸린다. 계산은 간단하다. 진공 상태에서 빛은 1초에 30만 킬로미터의 속도로 전파된다. 햇빛이 1억 5,000만 킬로미터를 주파하는 데에는 약 8분 20초가 걸린다. 그래서 태양이 '꺼진다'면 태양에서 만들어진 마지막 광자(빛을 구성하는 입자)가 지구까지 오는 데 필요한 8분 20초가 지난 뒤에야 그 사실을 안다. 이후에는 당연히 깊은 밤이 찾아온다.

우리는 기술이 발달한 시대에 살면서 심각한 수준의 빛 공해를 경험하고 있다. 그래서 밤하늘이 얼마나 밝아질 수 있는지 잊어버렸다. 정말 어두운 곳에 가본 경험이 있는 독자라면 은하수라고 부르는, 우리은하 안에 있는 별들을 봤으리라. 밤하늘의 은하수가 그 별들이다. 또 하늘이 청명하고 깨끗한 곳에서는 별빛이 그림자를 드리울 수 있다는 것을 알 것이다. 희미하기는 해도 빛은 있을 테고 적어도 잠깐 동안 행성들도 볼 수 있다. 우리는 학교에

다닐 때부터 별은 스스로 빛을 내며, 행성은 반사된 빛으로 볼 수 있다는 것을 배웠다. 그래서 태양이 없으면 행성은 볼 수 없다고 말이다. 하지만 빛이 진공을 통과하는 데에는 시간이 걸리므로 태양이 꺼져도 몇 분이나 몇 초 동안은 먼 행성에서 오는 빛을 잠깐이라도 더 볼 수 있다. 그런데 그 빛마저 꺼져버리면 반사된 빛으로 빛나던 달도 함께 사라질 것이다.

중요한 것은 태양이 꺼지면 곧바로 광합성이 중단된다는 점이다. 우리는 학교에서 들은 수업 덕분에 살아 있는 유기체가 크게 두 개의 그룹인 독립영양생물과 종속영양생물로 나뉜다는 것을 알고 있다. 독립영양생물은 무기물질로 자신의 영양분을 생산할 수 있으나, 종속영양생물이 생명을 유지하려면 다른 살아 있는 유기체를 사용(소모)해야 한다. 따라서 엽록소를 쓰는 광합성이 중단되면 많은 식물의 멸종과 함께 그 식물을 먹고 사는 모든 유기체, 나아가 초식동물을 먹는 육식동물의 멸종으로 이어진다. 이론적으로 대형식물은 몇 년은 더 살 수 있다. 그런 식물은 어느 정도 당분을 가지고 있기 때문이다. 여기에 또 다른 요인이 있다. 태양이 없으면 대기가 점점 차가워진다. 기온은 매달 절반으로 떨어질 테고, 그렇게 되면 살아남은 식물도 얼어붙는다.

식물만이 아니다. 더 이상 태양이 없는 상황에서 태양을 초점으로 타원궤도를 돌던 행성들은 공전을 멈추고 자전만 하게 된다. 행성들끼리 중력을 주고받는 태양계는 뒤죽박죽인 핀볼 기계처럼 엉망진창으로 변할지도 모른다.

이 암울한 미래에서 우리는 아름다운 결말을 맞을 수 없다. 무엇보다 중요한 것은 식량을 구하는 일이다. 최대한 긍정적으로 생각해 모든 사람이 지하대피소로 피신해서 인공조명을 켜고 산다고 치자. 그래도 우리가 종속영양 유기체라는 사실은 변하지 않는다. 지구에서 식물이 사라지고 먹이사슬 전체가 붕괴되면 우리도 1년 안에 멸종될 수밖에 없다.

그나마 좋은 소식이 있다면 어떤 생명은 생각보다 훨씬 생명력이 강해서 태양이 사라져도 멸종되지 않는다는 것이다. 2020년 국제우주정거장에서 특별한 실험을 했다. 몇 가지 박테리아를 우주정거장 외벽, 즉 미소중력에 산소도 없고 우주 공간을 날아다니는 온갖 종류의 입자와 방사선의 폭격에 노출시키는 실험이었다. 박테리아 가운데 데이노코쿠스 라디오두란스*Deinococcus radiodurans* 표본은 그 조건에서 1년 동안 살아남았다. 이런 종류의 박테리아를 극한미생물이라고 한다. 다른 형태의 생명에 극도로 치명적이고 불리한 상황에서도 생존할 수 있는 미생물이다. 데이노코쿠스는 지구에서 가장 방사선에 강한 미생물로, 2012년 기네스북에 등재됐다.

지구에는 우리가 앞에서 알아본, 미래에 살아남을 수 있는 다양한 극한미생물이 산다. 그중 일부는 수중 지열 온천의 일종인 수중 굴뚝(열수공) 근처의 해저에 서식한다. 과학자들은 지구에서 생명체가 발생한 지역이 바로 그곳이라는 의견을 내놓았다. 이들 박테리아는 바다가 완전히 얼어붙을 때까지 아무런 방해도 받지 않고 생명을 이어갈 것이다. 바다가 얼어붙는 일은 수백만 년 후에나 일어난다. 실제로 바다 표면 전체가 얼어붙는 데는 몇 년이면 충분하지만, 화산 활동과 지구 내부에서 일어나는 일들로 인해 심해는 따뜻한 상태로 유지된다. 심해 생명체는 햇빛이 없더라도 살 수 있지만, 안타깝게도 이들 또한 태양이 사라져서 멸종한 다른 유기체에 의존한다. 결국 태양이 사라지면 재앙이 닥친다. 과연 태양이 사라지는 그런 일이 일어날 수 있을까?

이 질문에 대한 답은 진지하지만 간단하다. 불가능하다! 적어도 그런 일은 갑작스럽게 일어날 수 없다. 이유를 알려면 먼저 태양을 이해해야 한다.

태양이 별이라는 것은 여러분도 잘 알고 있다. 별은 무엇일까? 우리는 별을 스스로 빛을 내는 천체라고 정의했다. 이제부터 스스로 빛을 낸다는 것이 무슨 뜻인지, 빛은 어떻게 만들어지는지 알아보려고 한다.

간단하게 말하면 별은 거대한 열핵폭탄이다. 별 내부에서 특정한 원자들이 융합돼 다른 원자를 생산하는 핵융합이 일어난다. 이 과정은 말처럼 간단하지 않다. 원자들은 전자기적 반발로 서로 밀어낸다. 이 밀어내는 힘을 이겨내려면 굉장히 높은 온도가 필요하다. 태양의 중심은 섭씨 약 1,500만 도이나 이 온도만으로는 충분하지 않다. 그 대신 양자역학에서 가장 역설적인 현상 가운데 하나 때문에 이런 융합이 일어날 수 있다. 양자역학은 물질을 이루는 가장 작은 단위인 입자가 어떻게 행동하는지 설명하는 이론이다. 터널효과에 관해 자세히 설명하는 것은 이 책의 목적에 맞지 않지만, 다음의 예를 통해 개념을 잡을 수 있다. 우리의 일상적인 경험으로는 벽을 향해 테니스공을 던져도 튕겨 되돌아올 뿐 벽을 통과하는 일은 절대로 일어나지 않는다. 그런데 입자 세계에서는 특정한 조건이 갖춰지면 잠재적 장벽이라고 하는 벽을 통과할 수 있다. 우리의 직관을 뛰어넘는 이런 효과 때문에 섭씨 1,500만 도인 태양 중심에서도 핵융합이 일어난다. 터널효과가 없다면 태양에서는 도달할 수 없는 훨씬 더 높은 온도가 필요하다. 태양 내부의 온도를 높이는 에너지는 태양을 이루는 모든 입자 사이에 작용하는 중력이다.

다양한 화학원소가 핵융합을 일으키지만, 원자가 무거우면 온도를 더 높여야 핵융합이 점화된다. 지금 태양에서 일어나는 핵융합반응은 그 긴 시간을 살아온 태양 입장에서도 특별한 수소 핵융합 단계다. 간추려 말하면 네 개의 수소 원자가 뭉쳐 하나의 헬륨 원자를 만든다. 태양은 수소 연료를 연소해 헬륨을 생산하는 셈이다.

이 융합 과정은 약 45억 년 동안 진행됐으며, 앞으로도 그만큼 긴 시간 동안 지속된다. 태양은 중년 단계에 접어든 별이다. 그렇다, 별도 태어나고 연속된 여러 진화 과정을 거쳐 소멸한다. 우리는 이런 진화 단계를 가로막거나, 별의 엄청난 중력의 힘을 거슬러 별을 흩어버릴 수 있는 어떤 물리적 현상이나 힘을 알지 못한다. 우리가 달에 관해 알아보았듯 태양이 다른 천체로 인해 파괴될 수 있다는 생각은 버려야 한다.

태양은 적어도 태양계에 있는 다른 천체들과 비교할 때 어마어마하게 거대한 천체다. 태양계 전체 질량의 99퍼센트 이상을 차지한다. 우리는 당연히 태양계의 다른 천체가 태양을 파괴하거나 날려버릴 수 있다는 가정은 배제해야 한다. 태양계 밖 천체들도 마찬가지다. 태양을 그 위치에서 벗어나게 할 수 있는 행성이나 소행성, 혜성은 없다. 하지만 어떤 이유에서든 태양과 충돌하게 된 천체가 그보다 덩치가 더 큰 별이라면 이야기가 달라진다. 그런 일이 일어난다면 두 별은 합쳐진다. 어쨌든 그런 사건은 절대로 일어나지 않는다. 우주는 빈 공간으로 채워져 있기 때문이다. 정확히 말하면 거의 비어 있는 상태다. 태양과 가장 가까운 별은 프록시마 켄타우리Proxima Centauri이며, 태양에서 약 4.3광년 떨어져 있다. 이 별에서 나온 빛이 지구까지 오는 데에는 거의 4년 반이 걸린다. 그러니 다른 별이 우연히 태양과 충돌하는 일이 일어나더라도 먼 훗날의 이야기다.

게다가 태양이 행성들을 남기고 홀로 사라진다는 것은 아예 말이 되지 않는다. 태양은 어디를 가든 중력으로 태양계 전체를 끌고 다닐 수밖에 없다. 태양은 초속 220킬로미터의 속도로 우리은하 중심을 축으로 공전한다. 우리은하에는 두 개의 큰 나선 팔이 있는데, 각각 방패자리–남십자자리 팔과 페르세우스자리 팔이다. 태양은 이 두 개의 팔 사이에 있다. 태양은 두 개의 팔과 함께 은하 중심을 천천히 회전한다. 지구와 다른 행성들과 왜행성과 행성의 위성들, 그리고 소행성과 혜성도 이와 함께 움직이고 있다.

태양이 사라지는 것만으로는 위협이 되지 않는다. 별에도 일생이 있다고 말했다. 별은 항상 똑같은 상태를 유지하는 것이 아니라 형태와 크기, 심지어 그 구성 물질까지도 변한다. 물론 이렇게 변화하는 데에는 아주 오랜 시간이 걸린다. 그 이유를 알려면 별의 특성에 관해 좀 더 알아야 한다.

별 내부에서는 핵융합반응이 일어나며, 복사압이라는 힘을 통해 별을 팽창시키려고 한다. 복사압은 천체의 질량 전체를 중심으로 붙잡아 끌어당기는 중력과 맞선다. 이 두 힘이 서로 균형을 이룰 때 같은 크기를 유지하게 된다. 그러나 핵융합반응은 수소 같은 연료를 소모한 뒤 다른 연료를 공급받아야 한다. 현재 태양의 진화 단계에서는 태양 중심에서 수소가 헬륨으로 변한다. 태양이 거대하다고는 해도(태양의 질량은 약 2×10^{30}킬로그램으로 지구 전체 질량의 30만 배) 어쨌든 유한한 물질로 이뤄졌다. 그리고 언젠가는 수소가 전부 소진된다. 그 이후에는 어떻게 될까?

태양에서는 중요한 변화가 단계적으로 일어나며, 어느 시점 이후에는 수소가 필요하지 않게 된다. 실제로 핵융합반응은 양파 껍질처럼 안에서 밖으로 진행된다. 태양 중심에 수소가 풍족할 때는 핵융합반응은 별의 핵 내부에 집중된다. 하지만 수소가 헬륨으로 변환돼 바닥나기 시작하면, 별의 균형을 유지하는 두 힘 가운데 하나가 줄어들어 핵은 수축되기 시작한다. 열역학법칙에 따라 별이 수축하면서 온도가 올라가고, 그로 인해 핵 주변 껍질에서 핵반응이 점화된다. 이후 핵융합은 점점 별의 표면 쪽으로 나아가면서 별의 물리적 특성이 달라지기 시작한다. 제일 먼저 일어나는 변화는 별이 밝아지는 것이다. 그 결과 밝기는 처음의 100배, 1,000배까지도 늘어날 수 있다. 그리고 핵이 수축돼 별의 바깥층은 팽창하면서 점점 커지고, 표면 온도는 더 떨어진다. 별은 전체적으로 온도가 동일하지 않다. 핵은 뜨겁지만 표면은 그보다 차갑다. 예를 들어 태양 표면 온도는 섭씨 약 6,000도에 지나지 않는다. 조금 전에 말한 시점에 이르면 별은 적색거성이라고 불리는 별이 된다.

이러한 과정은 태양이 진화하는 동안 겪는 과정과 똑같다. 태양이 적색거성이 되면 얼마나 커질지 정밀하게 계산된 것은 없지만, 어쨌든 20배에서 130배까지 커질 것으로 보인다. 이렇게 되면 분명히 태양과 가장 가까운 수성과 바로 그 밖에 있는 금성이 태양에 흡수돼 사라질 수 있다. 지구의 운명도 확실하지 않다. 태양에 잡아먹히지 않더라도 상황이 결코 순탄치는 않으리라. 태양 표면과 가까워지면 모든 생명이 완전히 사라질 가능성이 높다.

이 재앙은 언제쯤 닥칠까? 45억 년 후에나 일어날 수 있는 일이니, 여러분은 오늘 밤 편하게 자도 좋다. 별이 진화하는 데 걸리는 시간은 인간의 수명과 비교할 때 굉장히 길다. 수명이 길지 않은 별도 최소 수백만 년은 사니 말이다. 물론 태양이 적색거성이 된 후에라야만 지구가 재난을 맞는 것은 아니다. 최근 연구 결과에 따르면 생명체는 태양이 적색거성이 되기 훨씬 전부터 위험에 빠질 수 있다고 한다.

태양의 진화는 우리가 명확하게 구분할 수 있는 단계로 진행되지 않는다. 실제로는 태양은 태어날 때부터 지속적으로 변화해왔다. 더군다나 태양은 점점 더 뜨거워지고 있다. 어쨌든 별의 진화는 수억 년에 걸쳐 발전하는 과정이라는 점을 명확히 해둘 필요가 있다. 지금 우리가 겪고 있는 지구온난화는 10년 단위로 달라지고 있기 때문에 태양에서 일어나는 변화와는 별개다. 지구온난화가 인간 활동에서 비롯됐다는 것은 과학적으로 입증된 사실이다. 반면에 태양이 가열되는 속도는 굉장히 느리다. 지구온난화로 사막 지역이 늘어나는 것은 분명하지만, 역설적으로 강우량도 늘고 있다. 열이 많다는 것은 동시에 증발도 많이 일어난다는 이야기다. 여러분은 믿기 힘들겠지만, 대기 중 이산화탄소는 줄어들고 있다. 그렇다, 지금 우리에게 많은 문제를 일으키는 그 이산화탄소 맞다. 하지만 대기 중 이산화탄소의 농도를 줄이려고 태양의 도움을 기

대해봤자 소용없다. 다시 말하지만 태양의 진화는 굉장히 느려서 수백만 년에 걸쳐 일어난다.

이산화탄소는 서서히 물에 용해돼 지구 암석에 고정된다. 우리는 화산이 다시 이산화탄소를 방출할 수 있다는 것을 알았지만, 고려해야 할 또 다른 것이 있다. 지구가 냉각되고 있다는 사실이다. 지구는 처음 만들어진 뒤부터 내부 온도가 점점 낮아지고 있다. 화산을 포함한 지질 활동이 수백만 년의 세월에 거쳐 줄어든다는 것을 뜻한다. 이러한 과정은 달에서 이미 일어났으며, 화성도 마찬가지다. 현재 화성 표면을 조사하고 있는 탐사선 퍼서비어런스Perseverance는 몇 차례 약한 지진을 검출했다. 지구도 식고 있으니 이산화탄소가 줄어들 것으로 보인다. 앞서 우리는 이산화탄소가 엽록소 광합성에서 중요한 성분이라는 것을 확인했다. 다시 말하지만 식물이 먼저 죽기 시작하게 된다. 언제부터일까? 1억 7,000만 년에서 최대 5억 년 뒤부터라고 예측한다.

일부 식물은 이산화탄소가 희박한 조건에서도 효율적으로 광합성을 할 수 있는 능력이 있기 때문에 살아남을 수 있다. 옥수수나 초본식물 등이 그렇다. 하지만 이산화탄소는 무자비하게 줄어들 것이며, 8억 4,000만 년 안에 남아 있던 식물들도 멸망하게 되리라. 그때가 되면 앞서 말했던 연쇄적인 과정을 거쳐 모든 형태의 덩치 큰 생명체도 멸종한다.

그다음에는 어떻게 될까? 이후에는 생존하는 데 많은 산소가 필요하지 않은, 특별한 저항력이 있는 박테리아가 살아남는다. 아마 수생 박테리아가 살아남을 확률이 높다. 하지만 그 박테리아의 운명도 이미 정해져 있다. 앞에서 열이 물을 증발시킨다고 했다. 제대로 알려지지 않았지만, 수증기도 강력한 온실가스다. 대기 중에 많은 수증기가 방출되면 수증기 함량이 늘면서 표면 온도가 올라가고, 그 영향으로 수증기가 증발된다. 10억 년에서 6억 년 사이에 바다가 완전히 말라붙고, 지구 표면 온도는 섭씨 150도에 이르게 된다. 그러면 게임 끝이다! 기온과 대기 밀도가 높은 금성에서도 이런 과정이 발생했었다는 가설이 있다.

그럼 이 상황을 걱정해야 할까? 아니다! 가장 비관적으로 보더라도 그런 일은 1억 7,000만 년 후에야 지구의 겉모습을 바꾸게 될 것으로 보인다. 그게 얼마나 긴 시간이냐면, 호모사피엔스가 출현한 게 약 30만 년 전이니 지구 역사에 비하면 엄청나게 긴 시간이다. 당장 그보다 급한 일들을 걱정하는 것이 맞다. 태양이라는 이름의 별의 진화가 우리에게 유일한 위협은 아니기 때문이다.

4

밤이 낮이 되었을 때

여러분은 지금 1859년 9월 초, 미국의 로키산맥에 와 있다. 골드러시의 시대라 이 지역에는 광부들이 많다. 갑자기 하늘이 밝아지기 시작한다. 잠에서 막 깬 광부들이 일어나 어리둥절하고 혼란스러운 상태에서 아침 식사를 하며 출근 준비를 서두른다. 아직 새벽이라 평소보다 이를 뿐 다들 여느 때처럼 새로운 하루를 시작했다. 그런데 누군가 고개를 들어 잊을 수 없는 광경을 본다. 하늘 남쪽에는 우리가 상상할 수 있는 온갖 색의 빛줄기가 하늘을 감싸 천정까지 뻗었고, 절정에 이르러 강렬한 보라색으로 물들어 있다. 밤이 대낮처럼 환하다.

다른 지역에서도 똑같이 놀라운 광경을 볼 수 있었다. 과거 미국 북부 지역에서도 몇 차례 이런 일이 일어난 적이 있었지만, 이처럼 강렬하고 아름답지는 못했다. 미국 남부에서는 처음 일어난 현상이니 당연히 잊을 수 없는 광경이었다. 중국과 일본, 쿠바, 콜롬비아의 하늘에도 나타났다. 로마에서도 볼 수 있었다. 하지만 그저 멋진 광경을 연출하는 데 그치지 않았다.

여러 나라에서 갑자기 전신 전송기의 작동이 멈추기 시작한다. 일부 지역에서는 교환원들이 고통스러운 전기충격을 느끼기도 했다. 신호가 전달되는 케이블에 불꽃이 튀기 시작해 화재가 일어난 지역도 있다. 미국 보스턴과 포틀랜드에서 일하던 두 명의 교환원은 전신 배터리를 분리했지만, 어디서 오는 것인지 알 수 없는 전류가 흐르는 것처럼 끊어지지 않고 계속 통신이 되기도 했다.

역사에 기록된 가장 강력한 지자기폭풍은 캐링턴 사건Carrington event이다. 지자기폭풍이란 지구자기장이 일시적으로 불규칙하게 변하는 현상을 말한다. 이 일은 1859년 9월 1일 오전 11시 18분, 운 좋게 지자기폭풍을 목격한 영국 천문학자인 리처드 캐링턴Richard Carrington의 이름을 따서 붙였다. 태양을 관측하던 캐링턴은 태양 표면에서 간혹 보이는 흑점이라는 어두운 지역이 만들어지는 방식을 연구하고 있었다. 캐링턴은 어느 순간 흑점 가운데 하나가 갑자기 밝아지는 현상을 발견했다. 그 흑점은 두 개의 공이 짝지어 있는 것처럼 보였고, 그 바깥 지역보다 더 밝게 나타났다. 캐링턴은 다른 사람에게 전화를 걸어 흑점의 형태를 관측한 뒤 자신이 발견한 것을 확인해달라고 요청했다. 그가 다시 망원경으로 돌아왔을 때에는 흑점이 많이 흐려져 있었고, 잠시 후에는 아예 사라져버렸다. 캐링턴과 상관없이 영국 아마추어 천문가인 리처드 호지슨Richard Hodgson도 똑같은 현상을 관측했다. 로마에서는 예수회 사제이며, 항성분광학의 아버지인 안젤로 세키Angelo Secchi가 이 현상을 기록하고 분석했다. 이후 앞서 설명한 사건들이 일어났다. 전신망 장애는 무려 열네 시간 동안이나 지속됐다. 어떤 일이 벌어지고 있었던 걸까?

캐링턴이 직감한 것처럼 문제의 원인은 태양이었다. 특히 태양폭풍이 주원인이었다. 태양폭풍이 무엇인지 알려면 태양의 특성을 살펴봐야 한다. 우리 별 태양은 말하자면 핵폭탄과 같다. 핵융합반응은 별에서 흔히 일어나는 현상이다. 핵융합으로 만들어진 광자는 태양 안쪽에 있는 여러 층(복사층과 대류층)을 지나 광구까지 이동한다. 광구는 우리가 보는 태양 표면이다. 그보다 멀리 떨어진 태양 가장 바깥 지역은 코로나Corona라고 부르며, 광구에 비해 훨씬 투명하다. 광자가 이동하는 과정은 순탄치 않다. 태양은 밀도가 굉장히 높은 천체로, 광자가 계속 다른 입자들과 충돌하기 때문이다. 천문학자들은 광자가 광구에 도달하는 데 1만 시간에서 17만 시간까지 소요된다고 추정한다.

광구 아래에는 대류층이라는 지역이 있다. 물이 가열되는 냄비와 같은 작용을 하는 지역이다. 열원(냄비로 치면 바닥 아래에 있는 불)이 냄비의 바닥을 가열하면 뜨거워진 물이 점점 가벼워져 위로 올라간다. 동시에 위에 있던 물은 식어서 무거워져 다시 가라앉는다. 분명한 점은 물이 아래에 있을 때 가열되면 대류운동이라고 알려진 이동이 시작된다는 것이다. 태양에서도 똑같은 일이 일어나는데, 이때 열원은 태양 중심에서 일어나는 핵융합반응이다.

이러한 움직임 속에는 전하를 띤 입자들이 있다. 태양 안에 있는 물질은 사실상 플라스마라는 입자 상태에 있다. 원자핵(원자의 중심으로, 중성자와 양성자로 구성되며 양성자는 양의 전하를 띤다)이 음전하를 가진 자유전자의 구름 속에 빠져 있는 상태다. 따라서 대류층에는 끊임없이 움직이는 자유전하가 있다. 자유전하가 이동하면 자기장이 형성된다. 태양에도 자기장이 있으며, 이 자기장은 아주 복잡하다. 다른 자기장처럼 태양자기장에도 북극과 남극이 있다. 그러나 태양에는 국지적으로 표면에 또 다른, 작은 자기장이 형성돼 자기장의 극성이 계속해서 변한다.

19세기 중반인 그 당시에 무슨 일이 일어났는지 파악하는 데 필요한 정보는 자기장의 형태와 관련 있다. 자석 주위에 자기장에 민감한 강자성물질인 철 가루를 뿌리면 어떤 일이 일어날지 생각해보자. 철 가루는 아무렇게나 흩뿌려지는 것이 아니라 자석의 북극과 남극을 연결하는 곡선을 그린다. 이 곡선을 자기력선이라고 부르며, 태양자기장도 마찬가지다.

태양에서는 자기장이 일시적으로 만들어져 결합되고, 그 결과 방대한 에너지가 갑작스럽게 방출되는 일이 일어난다. 이 현상이 플레어Flare라는 태양 표면의 거대 폭발을 일으키는 것으로 보인다. 플레어에 코로나 질량 방출이 동시에 일어날 수도 있다. 이때 플레어에 의해 분출된 물질은 복잡한 코로나의 자기장을 통과하며, 자기장은 물질을 가속시켜 우주 공간으로 방출한다. 전자와 양성자를 태양에서 멀리 뿜어내는 거대한 폭발이다.

1859년 캐링턴과 호지슨이 관측한 두 개의 밝은 점은 바로 플레어였다. 이후에 플레어는 거대한 코로나 질량 방출을 일으켰다. 그리고 전기적으로 충전된 입자들이 주변 공간으로 방출돼 지구까지 날아왔다. 여기서 상황은 복잡해진다. 우리가 나침반을 쓸 때마다 확인하는 그 자기장이 지구에도 있다. 하지만 지구자기장은 태양과 다른 방식으로 만들어진다. 이에 대해서는 만장일치로 합의하지 못했지만, 지구 내부에 액체처럼 움직이는 금속 핵이 회전해 만들어진다는 가설 말고는 유력한 이론이 없다.

지구자기장은 태양보다 훨씬 덜 복잡하지만, 생명에는 훨씬 중요하다. 지구자기장은 우주방사선은 물론이고, 특히 태양풍이라는 방사선과 입자를 막는 방패 역할을 한다. 실제로 하전입자는 자기력선을 따라 움직인다. 우주에서 날아온 하전입자는 지구자기장에 포획돼 자기장의 남북극 방향으로 유도되며, 그 양극에서 지구 대기와 상호작용을 일으킨다.

극광, 즉 오로라가 만들어지는 방식도 1장에서 설명한 빛과 같다. 빛은 자기장으로 들어온 하전입자와 지구 대기 입자와의 상호작용으로 일어난다. 일반적으로 북극광은 이름만 들어도 알 수 있는 것처럼 극지방 근처에서만 볼 수 있다. 1859년에 나타난 북극광은 특이하게 위도가 낮은 지역에서도 볼 수 있었으며, 일부는 적도 가까이에서도 목격됐다. 극지방이 아닌 지역에서 볼 수 있었던 이유는 코로나 질량 방출이 엄청났기 때문이다.

이 장 초반에 말한 모든 현상은 지자기폭풍(태양폭풍)이라는 하나의 단어로 묶을 수 있다. 대규모 코로나 질량 방출이 일어나면 지구자기장이 변화해 저 아름다운 북극광뿐 아니라 전기, 전자 장비에 나타나는 달갑지 않은 현상에 이르기까지 우리가 아는 모든 일이 일어난다. 그리고 골치 아픈 문제가 생긴다.

캐링턴 사건은 기술이 뒤떨어진 시대에 일어났다. 사건이 일어나는 동안 실제 입을 수 있는 피해는 전신선뿐이었다. 그러나 지금 우리는 전기와 전자 장비에 훨씬 많이 의존하고 있다. 그래서 지자기폭풍의 영향은 비교할 수 없을 만큼 파괴적일 것으로 생각된다.

지자기폭풍의 대가를 가장 먼저 치러야 하는 사람은 국제우주정거장의 우주인들이다. 우리보다 더 높은 곳에 있으니 고에너지 하전입자들, 무엇보다 양성자의 영향을 피하기 어렵다. 양성자에 심하게 피폭되면 죽음에 이를 수 있으며, 적은 경우라도 세포가 손상된다. 그 손상은 곧 암으로 이어진다. 1989년 10월, 보호 장비로 우주복만 착용한 우주인이 달에 있었다면 사망에 이를 수 있는 태양폭풍이 발생했다.

비행기 탑승객도 급박한 상황에 빠질 수 있다. 원래 비행 중에는 보통 때보다 더 많은 방사선에 노출된다. 예컨대 다섯 시간 동안 비행하는 사람은 치과에서 엑스레이 촬영을 할 때와 비슷한 양의 방사선에 피폭된다.

지구에 사는 동물도 문제가 생길 수 있다. 많은 동물이 지구 자기장을 이용해 방향을 찾는데, 자기장이 바뀌면 고래나 새 같은 동물이 방향감각을 상실할지도 모른다.

지금까지 우리는 생물에 관해 이야기했다. 이제부터는 전자 장비에 미칠 수 있는 영향을 알아보려고 한다. 문제는 군사적 활용부터 기상과 통신에 이르기까지 다양한 목적으로 사용하는 수천 개의 인공위성이 떠 있는 우주에서 발생한다.

태양폭풍이 발생하면 지구 상층대기는 자외선에 의해 팽창한다. 팽창한 대기는 인공위성의 고도까지 이르러 궤도가 바뀐다. 그래서 위성궤도를 보정하지 않으면 지구로 떨어질 수 있다. 위성이 추락해 지표에 닿기 전에 대부분 불타버리지만, 문제는 모든 서비스가 중단된다는 것이다.

지구에서는 통신 장애로 심각한 문제가 발생할 수 있다. 통신 목적으로 쓰는 시스템은 전리층(태양에너지로 대기 분자가 이온화돼 자유전자가 밀집된 지역—옮긴이)이라는 대기층을 장거리 통신에 이용한다. 전리층에서 튕겨나오는 무선 신호가 지구의 곡률을 따라 반사되거나 굴절되어 먼 거리까지 도달하기 때문이다. 그런데 전리층이 태양폭풍으로 변하면 통신 장애가 발생한다.

항법(내비게이션) 시스템을 갖춘 장비에도 영향을 줄 수 있다. 위성이 손상되고 통신 장애가 일어나면 항법 시스템이 오작동해

항공과 해상 교통에 문제가 일어나기도 한다. 동시에 케이블에 전류가 유도돼 전선이 녹을 수 있으며, 그로 인해 정전이 확산될 수 있다. 수도관이라고 안전할 수 없다. 태양폭풍은 전체적으로 수도관이 녹스는 속도를 빠르게 하며, 유량 측정 오류를 만들어낼 수도 있다.

이런 시나리오는 걱정되기는 하지만, 최악의 재난은 아니다. 캐링턴 사건과 비슷한 정도의 영향력을 끼칠 지자기폭풍이다. 이런 사건이 10년 안에 일어날 가능성은 12퍼센트 정도다. 이 정도면 무시할 확률이 아니다. 하지만 진짜 문제는 캐링턴 사건이 지금까지 지구를 강타한, 가장 파괴적인 태양폭풍의 근처에도 가지 못한다는 점이다. 최근 과학자들은 1859년에 발생한 것보다 열 배에서 백 배 더 강력한 태양폭풍이 서기 775년에 발생했다는 분석을 내놓았다. 이게 끝이 아니다. 물에 잠긴 늪이나 산 정상에 남은 극지방의 만년설과 고대 나무의 시료를 분석해보면(태양폭풍은 빙하와 나무 몸통에 축적되는 방사성 흔적을 남긴다), 다른 태양폭풍과 적어도 비슷한 수준이라고 추측하는 두 번의 사건이 기원전 7176년과 기원전 5259년에 각각 일어난 것으로 보인다. 이 세 번의 사건은 태양폭풍이 그렇게 드문 현상이 아니라는 것을 알려준다.

이런 태양폭풍은 지금까지 설명한 것과 다르지 않지만, 그 영향은 더 광범위하고 심각하다. 전력망을 파괴할 수 있기에 더 오랜 시간 정전을 일으킬 수 있다. 병원 중환자실에서는 환자의 생명을 유지하는 데 필요한 장비가 작동을 멈출 가능성도 있다. 일반 가정에서도 냉장고가 고장 나 음식이 상하고 냉난방장치가 멈추며, 통신이 두절되는 등 일대 혼란이 일어나리라. 그런 상황이 닥치면 정상적인 상태로 복구하는 데 최대 10년까지 걸릴 수 있다.

그사이 우리 문명은 혹독한 시험을 받게 된다. 좋은 소식이 있다면 태양폭풍으로는 생명체도, 인류도 멸종하지는 않는다는 점이다. 지구 대기는 방사선의 치명적인 영향으로부터 우리 생명을 보호해주기 때문이다. 그러나 재난의 여파는 우리를 완전히 뿌리째 뽑지는 못하더라도 죽음에 이르게 할 수 있다.

간단히 말하면 암울한 미래라는 이야기다. 가능성이 높지는 않지만 신경 써야 한다. 과학자들은 몇 가지 대책을 마련했다. 태양 활동을 감시하는 일이 그 첫 단계다. 태양의 활동 주기는 11년이며, 11년 동안 태양이 가장 활발할 때와 저조할 때가 있다. 아주 심각한 재난은 태양 활동이 정점에 이를 때 일어난다. 우리는 태양이 지구로부터 빛의 이동시간으로 8분 20초 떨어져 있으며, 태양에서 나온 입자들이 빛보다 느린 속도로 움직인다는 것을 알고 있다. 그러니 태양폭풍이 일어났을 때 미리 알려주면 인공위성과 전력망을 끄기만 해도 피해를 최소화할 수 있다. 고압전선을 땅에 매립하는 것도 훌륭한 대책이다. 그렇다. 위협은 늘 도사리고 있지만 아직 멀리 있으며, 우리는 이에 대비하고 있다.

태양 활동은 단기간에 변화할 수 있다. 플레어와 코로나 분출은 태양이 겪는 주기적인 변화에서 비교적 긴 편에 속한다. 태양흑점도 주기가 긴 편이다. 이제 문제를 더 깊이 살펴볼 때가 됐다.

앞서 태양자기장은 아주 복잡하다고 말했다. 태양은 지구처럼 단단하지 않아 지역마다 자전 속도가 다르기 때문이다. 즉 태양의 위도마다 자전 속도에 차이가 난다. 그리고 태양 표면에는 더 작은 자기장이 분포하며, 이런 자기장은 대류를 억제해 광구에서 다른 지역보다 온도가 더 낮은 지역이 생긴다. 우리 눈에는 이런 지역이 태양 표면에서 가장 어두운 태양흑점으로 보인다. 흑점이 검게 보인다고 해서 속으면 안 된다. 흑점도 섭씨 약 4,500도라서 굉장히 뜨겁다. 주변 지역이 더 뜨겁고 더 밝아서 어둡게 보이는 것뿐이다(흑점은 달보다 밝다—옮긴이). 태양 표면 온도가 섭씨 6,000도라는 사실을 기억하자. 게다가 흑점은 규모가 엄청나게 커서 지구 하나가 들어가고도 남는다.

흑점 수로는 태양 활동이 얼마나 활발한지 알 수 있다. 흑점 수가 70개가 넘으면 태양은 아주 활동적인 상태다. 그 주기는 약 11년이다. 대부분은 지구 기후에 특별한 영향을 끼치지 않으며, 작은 변화는 별다른 영향을 주지 않는다. 간혹 예외가 있기는 하다. 1672년부터 1699년 사이 28년 동안 태양은 이상하리만치 조용했다. 같은 기간 동안 발생한 흑점은 50여 개밖에 되지 않았다. 일반적인 태양 주기 동안에 나타난 흑점 수에 비하면 굉장히 적은 편이다. 마운더 극소기Maunder minimum라는 이 시기는 17세기에서

18세기 사이라고 보고 있으며, 소빙하기와 일치한다. 이 기간 동안 유럽과 북아메리카의 평균 기온은(두 지역의 기후에 대한 자료는 상당히 많다) 평소보다 훨씬 낮았다. 하지만 소빙하기는 마운더 극소기보다 훨씬 길 뿐 아니라 흑점은 그런 현상을 일으키는 여러 요인 가운데 하나일 뿐이다.

빙하를 살펴봐도 원인이 무엇인지 아직 명확하지 않다. 분명한 것은 태양이 11년 주기보다 더 긴 다른 주기를 보인다는 점이다. 예를 들어 글라이스버그 주기Gleissberg cycle는 11년 주기에 70년에서 100년의 긴 주기로 겹쳐 나타난다. 이런 주기에서 그 어떤 것도, 가령 태양 복사에서 나타나는 변화도 빙하기를 일으키기에 충분하지 않다. 기껏 아주 작은 영향을 미치는 정도다. 빙하기를 일으키는 메커니즘은 여전히 명확하게 알려진 것이 없다. 태양 분출의 변화는 물론이고 판구조론과 화산 활동, 지구궤도의 주기적 변화, 심지어 소행성 충돌까지 아우르는 다양한 요인으로 생기는 현상이라고 해석하고 있다.

결론적으로 우리는 태양 활동에 관해 걱정하지 않아도 된다. 하지만 우리 자신이 범인인 기후변화에 태양이 관련 있을 거라고 생각하는 것은 어쩌면 유토피아를 꿈꾸는 것이나 마찬가지일지도 모른다. 그 책임이 누구에게 있는지 정말 알고 싶다면 거울을 들여다봐야 한다.

5

복수

소행성과 혜성, 태양과 달도 아니라면 여러분은 태양계 천체의 위협은 끝났다고 단정할지도 모른다. 하지만 앞으로 검토해볼 가치가 있을 뿐 아니라 우리가 알아야 할 또 다른 가능성이 있다.

이 가능성은 1984년 데이비드 라우프David Raup와 잭 셉코스키Jack Sepkoski, 두 고생물학자가 2억 5,000만 년 동안 지구가 겪은 다양한 멸종 사례를 분석한 논문을 발표하면서 시작됐다. 두 사람은 비교적 작은 멸종 사건까지 살펴봤다. 6,500만 년 전 공룡을 포함해 해양과 대륙에 서식하는 모든 종의 80퍼센트를 사라지게 만든, 백악기부터 팔레오세까지 일어난 멸종과 그보다 작은 멸종 사건을 분석해 멸종의 주기성을 발견했다. 모두 열두 차례에 달하는 멸종 사건은 2,600만 년 주기로 발생했고, 이 가운데 두 사건이 천체의 충돌과 관련 있는 것으로 알려졌다.

논문은 여기까지였다. 천체로 인해 일어난 사건과 관련 있을 거라는 의견을 제시했지만, 주기성의 원인은 알 수 없다고 결론 내렸기 때문이다. 하지만 천문학자들은 이 사실만으로 곧장 연구를 시작하기에 충분했다.

이와 관계 있는 가설은 두 가지다. 태양계 외곽에 우리가 알지 못하는 행성이 있다는 가설과 태양 주변에 작고 어두운 동반 별이 있다는 가설이다. 이 두 가설에 적용되는 과학 원리는 같다. 천체의 궤도가 오르트구름을 교란시켜(앞서 본 것처럼 오르트구름에서 혜성이 온다) 그 구름에 속한 천체 가운데 하나를 지구 방향으로 밀어낼 수 있다. 이 가설은 멸종 사건의 주기성을 설명해줄 수 있다. 게다가 멸종 사건의 주기를 2,700만 년으로 수정하는 한편, 분석 기간을 5억 년으로 확장해 발표한 후속 논문에서 이들은 가설을 다시 확인했다. 이 연구는 과학자들의 검증을 거친 저널에 실렸다. 음모론이 아닌, 엄격한 과학적 검증을 거쳐 게재된 논문이라는 뜻이다.

우리가 잘 알지 못하는 별에 관한 가설부터 시작해보자. 이 가설은 1984년 두 연구 그룹이 개별적으로 제시했다. 완강한 대격변론자들에게는 네메시스Nemesis(그리스·라틴계에서 복수를 의인화한 인물—옮긴이)라고 불렸고, 〈스타워즈Star Wars〉의 팬들은 영화에 등장하는 최종 병기인 데스스타Death Star라는 이름을 붙였다. 이 별의 궤도는 아주 길쭉한 타원일 것이고(그래야 이 별이 오르트구름을 간헐적으로 교란시켰다는 것을 설명할 수 있다), 우리가 한 번도 발견하지 못했다는 게 정당화되려면 굉장히 어두운 별이어야 한다. 모든 것을 고려하면 가장 적당한 천체는 적색왜성이었다.

적색왜성은 현존하는 별들 가운데 가장 작고, 질량은 태양의 절반에서 100분의 1에도 미치지 못하는 수준이다. 그보다 가벼운 별은 존재조차 할 수 없다. 별은 핵융합반응이 일어나는 천체다. 이 반응이 일어나려면 별 중심이 일정한 밀도와 온도에 도달해야 하는데, 최소 질량보다 질량이 무거운 천체에서 가능하다. 적색왜성보다 가벼운 천체는 핵융합반응이 일어나지 않으며, 갈색왜성이라고 부른다. 적색왜성은 어둡고 평균적인 별들보다 차갑다. 모형에 따라 다르지만, 적색왜성은 표면 온도가 최대 섭씨 5,200도까지 이를 수 있다.

이 별은 수명이 놀라울 정도로 길다. 별은 작을수록 자체의 연료를 훨씬 천천히 소모한다. 적색왜성은 수백억 년까지 살 수 있다고 추정되며, 수소가 바닥난 적색왜성은 아직 존재하지 않는다. 적색왜성은 우리 주변에서 발견된 분포만 따져봤을 때도 수적으로 가장 많은 별이다. 이렇다 보니 적색왜성은 여러분의 취향에 따라 네메시스나 데스스타로 삼기에 적합한 후보가 될 수 있다. 적색왜성의 밝기는 7등급에서 12등급 정도로 추정된다. 등급은 천체의 밝기를 측정하기 위해 천문학에서 쓰는 단위다. 등급의 숫자가 클수록 천체의 광도는 낮다. 마이너스 등급이라면 아주 밝은 별에 해당한다.

일반적으로 천체의 겉보기등급은 그 천체가 얼마나 밝은지를 나타낼 때 쓴다. 절대등급과 혼동하면 안 된다. 절대등급은 천체의 원래 밝기로 거리와 상관없으며, 측정하기가 굉장히 어렵다.

명확히 해야 할 내용을 모두 설명했으니 7등급에서 12등급 사이의 광도가 어느 정도인지 알아보겠다. 이 등급은 높은 것일까, 낮은 것일까? 몇 가지를 비교해보자. 보름달은 겉보기등급이 −12.74, 금성은 −4.47, 하늘에서 볼 수 있는 가장 밝은 별인 시리우스는 −1.46이다. 따라서 7~12등급은 꽤 어두운 편이다.

멸종의 주기성에 관한 이야기로 돌아가 보자. 천체의 궤도를 나타내는 궤도 요소는 다양한 멸종 기록에서 찾을 수 있다. 이를 분석한 연구 그룹의 계산에 따르면 천체의 궤도 장반경(타원궤도의 장축 길이의 절반—옮긴이)은 1.5광년 정도 돼야 한다. 지구와 태양 간 거리의 약 9만 4,000배에 이른다. 하지만 천체의 궤도는 타원이므로 네메시스는 오르트구름에 접근할 수 있다.

이 시점에 필요한 것은 별을 찾는 것이다. 우선 성표(별의 목록)를 뒤져 별의 운동과 그 운동의 특성이 네메시스와 비슷한 것이 있는지 조사했다. 그러나 아무것도 찾지 못한 채 다음 단계로 넘어갔다. 우리는 그런 천체를 찾을 수 있는 장비를 가지고 있다. 그중 하나인 와이즈WISE 우주망원경(2024년 8월에 송신기를 껐으며, 같은 해 11월 대기권에 재진입해 수명을 마쳤다—옮긴이)은 지구와 태양 간 거리보다 1만 배 더 먼 지역 안에 토성만 한 천체는 없다는 사실을 확인했다. 다만 지금 네메시스는 원래 궤도가 아닌 곳에 있을 수 있으며, 그래서 우리 눈에 보이지 않을 수도 있다.

또 한 가지 문제점이 있다. 최근 새로 나온 계산에 따라 네메시스의 궤도 특성이 태양 주변에 있는 다른 별로부터 중력 영향을 받을 수 있다는 게 증명됐다. 네메시스의 궤도는 대량 멸종의 주기성을 설명할 만큼 안정적이지 않을 거라는 뜻이다. 간단히 말해 존재 자체가 가설인, 아무도 본 사람이 없는 네메시스에는 책임을 지울 수 없다. 더군다나 예전 생각과 다르게 네메시스라고 추측했지만, 태양과 같은 별의 대부분은 독립적으로 존재할 뿐 동반성이 없는 것으로 보인다. 그래서 시간이 흐르면서 네메시스 가설은 구체성을 잃었다. 아니, 애초부터 별로 구체적인 내용이 없었다.

대량 멸종의 두 번째 가능성인 행성으로 넘어가 보자. 해왕성 궤도 너머에 행성이 존재할 수 있다는 생각은 19세기, 정확히 1846년 해왕성 발견 이후에 불붙은 과학자들의 열정 덕분에 나왔다. 해왕성의 존재는 수학적으로 먼저 예측됐는데, 이것은 천왕성과 토성, 목성의 궤도에서 관측된 설명할 수 없는 문제들 때문이었다. 해왕성 궤도에도 이와 비슷한 불규칙성이 보였으며, 자연스럽게 행성 X가 존재한다고 생각하게 됐다. X는 우리가 알지 못하는 뭔가 신비한 존재를 뜻한다.

1930년 미국 천문학자 클라이드 톰보Clyde Tombaugh는 명왕성을 발견했지만(이후 위상이 격하돼 2006년 명왕성은 왜행성이 됐다), 그렇게 작은 천체로는 해왕성 궤도의 불규칙성을 설명할 수 없다는 것을 곧 알게 됐다. 실제로 명왕성은 달보다 작으며, 이는 왜행성으로 분류하게 된 이유다. 또 다른 이유로는 다른 행성들보다 이심율이 굉장히 큰 타원궤도를 돌고 있다는 점, 그 궤도가 다른 행성들의 궤도 평면에서 많이 벗어나 있다는 점, 해왕성 궤도 밖에는 크기가 비슷한 다른 천체들이 많다는 점을 들 수 있다.

요약하면 태양계에 아직 발견되지 않은 행성이 존재한다는 생각은 이전에도 있었다. 시간이 흐르면서 간접적인 증거가 몇 가지 발견됐다. 예를 들어 2016년 카이퍼대Kuiper belt에서 발견한 몇 개의 천체는 전부 같은 방향으로 비슷한 궤도를 따라 운동하고 있었다. 그 결과 이 천체들이 알려지지 않은 다른 행성으로부터 중력 영향을 받기 때문이라는 믿음을 줬다. 그렇다면 미지의 행성은 어떤 특성이 있을까?

해왕성처럼 덩치가 큰 천체라서 질량은 지구의 열 배 정도로 추정된다. 앞서 설명했듯이 그 궤도는 이심율이 큰 타원 모양에다가 태양에서 굉장히 멀리 떨어져 있어야 한다. 그래서 해왕성보다 적어도 스무 배는 더 먼 거리에 있어야 한다. 하지만 넘어야 할 문제가 또 있었다. 그런 천체는 공전주기가 지구 시간으로 1만 년에서 2만 년에 불과하다. 멸종의 주기성을 정당화하기에는 지나치게 짧았다. 행성 X가 존재한다는 것은 이론적인 간접 증거는 있지만, 어디까지나 가설에 불과하며 지금까지도 확인되지 않았다. 최근 칠레에 있는 전파망원경으로 지구–태양 거리의 200배 안에 있는 행성의 존재는 배제됐다. 요약하면 미지의 행성이 지구를 위협할 수 있다는 생각은 버려야 한다. 그렇다면 멸종의 주기성은 대체 어디서 오는 것일까?

그즈음 멸종의 주기성을 설명하는 추가 의견이 제시됐다. 태양이 우리은하에서 별과 성간 구름의 밀도가 높은 은하 평면을 주기적으로 통과하기 때문이라는 가정이다. 우리은하는 막대 모양의 핵과 이를 단단하게 감싼 나선팔로 이뤄졌다. 지구는 그 나선팔 가운데 하나에(또는 그 나선팔보다 더 외곽 지역에 위치해 있을 가능성도 있지만, 아직 확실치 않다) 속해 있으며, 지구를 포함한 태양계는 그 안에서 움직인다. 이 연구에 참여한 천문학자들은 태양이 우리은하 안에서 움직이는 이동 경로 때문에 오르트구름에 속한 혜성 핵이 지구와 태양계에 큰 변화를 일으킬 수 있다고 생각했다.

상당히 그럴듯한 가설처럼 보였다. 하지만 충분한 증거를 제시하지는 못했다. 이후에 이뤄진 연구에서는 태양이 우리은하에서 움직인 경로와 우리가 알고 있는 멸종 주기 사이에 아무런 상관관계가 없다고 확인됐다. 더욱이 이 주기성도 과학자들 사이에서는 아직 만장일치로 받아들이지 않고 있다. 화석에 남은 기록을 정확하게 해석하기는 어렵기 때문에 멸종이 주기적으로 일어났다는 설득력 있는 증거는 없다. 그게 사실이다.

어느 행성이나 별도 지구를 망가뜨리기 위해 카운트다운을 하지는 않는다. 우리은하도 마찬가지다. 그럼 안심해도 되는 걸까?

그건 아니다.

지금까지 우리는 태양계 '안'에 있는 미지의 위협을 살펴봤다. 그렇다면 태양계 '밖'에 위협이 있다면 무슨 일이 일어날까? 충분히 탐구할 가치가 있을 뿐 아니라 불안한 가능성 가운데 하나다. 그렇지 않은가? 우리는 안전하기를 바란다. 그래서 최근 알게 된 흥미로운 사실을 하나 소개하려고 한다.

우리는 모든 행성이 별을 중심으로 공전한다고 생각한다. 게다가 그런 외계행성을 수없이 발견했다(2023년 1월 집계한 외계행성은 5,300개이며, 계속 새로운 행성이 발견되고 있다). 하지만 항성 주위를 공전하는 행성이 모든 행성을 대표하는 것은 아니다.

떠돌이행성이 별에 속박되지 않고 존재할 수 있다는 생각은 오랜 시간 이론적인 추측에 불과했다. 그러다가 2011년에 실제로 이 같은 행성이 열 개나 발견됐다. '관측한다'는 말에 오해가 있으면 안 된다. 우리가 태양계 행성들을 보거나, 운이 좋아 태양계 밖 외계행성을 보는 것처럼 물리적으로 '본다'는 뜻이 아니다. 별이 없는 행성은 빛을 방출하지 않는다. 있다면 별이 형성될 때 만들어진 열이 지금까지 보존돼 있을 뿐이다. 거의 열이 없기 때문에 적외선이 아주 약하게 방출된다. 적외선은 우리가 떠돌이행성을 간접적으로 볼 수 있는 방법 가운데 하나다. 2021년 12월, 천문학자들은 적외선으로 70개에서 170개 사이의 떠돌이행성 후보를 발견했다.

또 다른 천체는 좀 더 복잡하다. 모든 질량이 시공간을 변형시킬 수 있다는 일반상대성이론까지 동원된다. 이 개념을 설명할 때 보통 고무 시트를 예로 드는데, 고무 시트 표면은 매끄럽고 평평하다. 그래서 그 한가운데 추를 놓으면 시트가 눌리면서 깔때기 같은 모양이 된다. 시공간에서도 똑같은 현상이 일어난다. 세 가지 공간 차원(길이, 높이, 너비)과 시간 차원을 우리는 우주에 적용할 수 있다.

떠돌이행성은 아무리 작아도 측정할 수 있을 정도로 시공간을 변형시킬 수 있다. 떠돌이행성이 별 앞을 지나가면 별 주변 공간을 조금 변형시킬 테고, 우리는 그 변형을 관측할 수 있다. 이러한 방법을 미세중력렌즈Gravitational microlensing라고 부른다. 천문학자들은 미세중력렌즈를 통해 처음으로 떠돌이행성을 발견했다.

지금까지 살펴본 것처럼 두 가지 관측 방법은 간접적이지만, 행성이 실제로 거기에 있다는 것을 입증할 수 있다. 일반적으로 이들 행성은 목성과 비슷한 크기로 꽤 큰 편에 속하지만, 지구와 크기가 비슷한 행성도 발견된 적이 있다.

이 행성들을 두고 과학자들이 곧바로 제기한 의문은 '과연 어떻게 형성됐을까'이다. 이에 대한 가설에는 두 가지가 있다. 첫 번째 가설은 우리가 관측하는 다른 천체들과 같은 과정을 거쳐 만들어졌다는 것이다. 즉 주변에 흩어진 가스와 먼지가 뭉쳐 만들어졌다. 별이 형성되고 그 별 주위를 회전하는, 일반적으로 행성계가 형성되는 메커니즘과 같다. 별들은 가스와 먼지로 된 구름에서 만들어지며, 처음에는 원반 형태가 됐다가 중심의 밀도가 높아지면서 별이 탄생한다. 그리고 별의 탄생 과정에서 성장한 작은 천체의 밀도가 높아지면서 행성이 된다. 떠돌이행성은 앞서 언급한 행성계가 탄생한 원반에서 태어난 것이 아니라 스스로 만들어졌다고 생각할 수 있다.

두 번째 가설은 조금 더 흥미를 끈다. 떠돌이행성은 정상적인 행성으로 태어나 별의 주위를 공전하다가 중력의 간섭으로(별이나 행성처럼 덩치가 더 큰 천체 근처를 지나가는 것과 같은) 본래 궤도를 이탈해 우주를 떠돌기 시작한다는 것이다.

불안과 걱정이 많은 사람이라면 곧바로 이런 질문을 할지도 모른다. 지구도 떠돌이행성이 될 수 있을까? 떠돌이행성이 지구 근처를 지나다가 지구궤도를 교란한다면? 이론천문학의 관점에서 보면 가능하다. 앞서 언급한 태양의 실종에 견줄 수 있는 비극이라는 점은 말할 것도 없다. 다만 태양이 사라지는 것이 아니라 우리가 태양을 버리는 상황이다. 당연히 이런 상황에 대해서도 여러분은 걱정할 필요 없다.

우리은하에는 떠돌이행성이 많을 것으로 생각된다. 떠돌이행성의 수는 별의 수와 비슷할 것이고, 수천억 개에 이를지도 모른다. 하지만 우주는 거대하고 텅 비어 있다. 미국의 과학 사이트인 '나쁜 천문학Bad Astronomy'에서 제시한 수치에 따르면 100세제

곱 광년의 부피 안에 떠돌이행성이 평균적으로 하나 정도 있을 것으로 예상된다. 이 부피는 한 변의 길이가 4.6광년인 정육면체와 같고, 그 길이는 지구에서 가장 가까운 별 프록시마 켄타우리까지의 거리와 비슷하다. 이 별은 지구에서 약 4.3광년 떨어져 있다. 그다지 멀지 않다고 생각할 수 있지만, 사실 태양계 전체 크기의 2,000배가 넘는 공간이다. 이 외로운 행성이 지구를 공전궤도에서 튕겨나가게 할 만큼 접근할 가능성은 무시해도 된다. 더군다나 지구에 문제를 일으키려면 가까이 오기만 하면 되는 게 아니라, 궤적과 속도가 정확하게 맞아떨어져야 한다. 지금까지 그만큼 가까이 접근한 떠돌이행성을 발견한 적이 단 한 번도 없었다는 것은 말할 필요가 없다. 떠돌이행성이 지구에 가장 가까이 접근했던 거리는 7.1광년이었다. 우리는 철통 안에서 보호받는 것처럼 안전하다.

마지막으로 흥미로운 제안 하나를 소개하려고 한다. 최근 떠돌이행성을 거대한 우주선으로 쓸 수 있다는 의견이 나왔다. 이미 은하계를 돌아다니는 행성이 있는데, 굳이 우주선을 만들 필요가 있을까? 기술이 진보된 문명은 우주를 탐사하기 위해 이러한 행성을 쓸 수 있으며, 어쩌면 식민지로 활용할 수 있을지도 모른다. 그리고 모든 떠돌이행성이 차갑고 생명체가 살기에 부적합한 것은 아닐 것이라고 생각된다. 떠돌이행성에도 내부의 핵 방사성붕괴로 데워진, 액체 상태의 물로 된 바다가 있을 수 있다. 심지어 이런 행성에는 고유의 생명체가 살지도 모른다.

떠돌이행성을 두려워할 필요는 없다. 미래 기술로 그런 천체를 발견하고 회피할 만큼 안전거리를 확보할 수 있다면, 태양의 진화 때문에 일어나는 재난에서 벗어날 수 있다. 이를테면 발상의 전환인 셈이다. 떠돌이행성처럼 이제는 우리의 집을 떠나 태양계 밖 우주로 시선을 돌릴 때가 됐다. 저 먼 밖에서도 위험이 닥칠 수 있기 때문이다.

6

대폭발

2019년 10월, 사람들이 갑자기 별의 진화에 관심을 갖기 시작했다. 이것은 별의 일생을 연구하는 천문학의 한 분야로, 일반 언론에 보도된 적이 거의 없었다. 그러나 이때는 달랐다. 일반에게까지 잘 알려진 별 가운데 하나인 베텔게우스Betelgeuse가 이상한 징후를 보이기 시작했다.

오리온자리의 베텔게우스는 이탈리아에서는 겨울밤 북쪽 하늘에 뜨는 별이다. 한국과 이탈리아처럼 북반구에 있는 나라에서는 겨울철 내내 밤하늘에서 베텔게우스와 오리온자리를 볼 수 있다. 베텔게우스는 눈에 잘 띄는 덩치가 큰 별로, 영화와 TV 시리즈에 나온 바람에 유명해졌다. 그리스 신화에 등장하는 이 별은 강한 사냥꾼을 상징한다. 오리온자리 별들이 하늘에 늘어선 모습을 인간으로 비유했을 때 베텔게우스는 거인의 어깨 위에 있는 밝은 별이다.

베텔게우스는 굉장히 거대한 별이지만(지름이 태양의 800배가 넘는 것으로 추정된다), 표면 온도는 섭씨 약 3,500도로 그다지 뜨겁지 않다. 베텔게우스는 적색초거성이다. 적색초거성은 적색거성과 몇 가지 특성이 같은 별의 체급이다. 베텔게우스도 적색거성처럼 핵에서 수소가 바닥나 핵융합반응이 핵 주변을 둘러싼 껍질로 이동했다. 적색초거성은 우주에서 볼 수 있는 별들 가운데 가장 크다. 이들은 적색거성보다 크기도 질량도 훨씬 크다. 태양과 비교해 질량이 열다섯 배에서 스무 배나 더 클 것으로 보인다. 별의 수명은 질량에 달려 있다. 질량이 클수록 수명은 짧다. 적색초거성은 몇 백만 년밖에 되지 않는, 천문학적으로 보면 아주 짧은 시간 동안만 산다.

베텔게우스는 지금까지 널리 알려졌고, 연구도 많이 이뤄졌다. 1996년 허블 우주망원경으로 태양이 아닌 다른 별 표면을 찍은 사진 한 장이 불후의 명작이 되었다. 이 별은 시간에 따라 밝기가 변한다고 알려졌다. 밝기가 변하는 폭과 시간은 어느 정도 예측할 수 있는데, 밝기가 변하는 시간인 변광주기는 150일에서 300일 정도다. 우주에 있는 다양한 종류의 변광성 대부분은 광도 변화, 즉 변광 폭과 주기가 일정하다. 그런데 베텔게우스는 이러한 범주에서 벗어나 있다. 그런 특성을 보이는 이유가 무엇인지는 제대로 알려지지 않았다.

2019년 10월에 무슨 일이 일어난 것일까? 베텔게우스는 갑자기 어두워졌다. 그전에 관측된 모든 양상과 전혀 달랐으며, 밝기

감소가 굉장히 뚜렷했다. 이전에는 관측된 적이 없는 수준이었다. 밝기가 제일 많이 떨어졌을 때 베텔게우스는 평소보다 60퍼센트나 어두워졌다. 이 변화는 육안으로도 확인할 수 있는 수준이었다. 오리온자리를 잘 아는 사람이라면 베텔게우스가 확연하게 어두워졌다는 것을 눈치챘다.

여기까지는 전문가들에게도 수수께끼로 남아 있다. 언론에 알릴 정도로 중요한 소식은 아직 없다. 그러나 베텔게우스가 평범한 별이라고 볼 수 없는 또 다른 이유가 있다. 앞서 이 별은 다른 별과 다른 진화 단계에 있으며, 수명이 짧다고 말했다. 베텔게우스 같은 별은 초신성 폭발이라는 거대한 폭발과 함께 장관을 펼치며 생을 마감한다. 그래서 천문학자들은 10만 년 안에 초신성이 될 거라고 예측하고 있다. 별이 언제 어떻게 초신성이 되는지 예측하는 예시들이 있지만, 불확실성이 크다. 그러니까 이 별은 지금부터 10만 년 사이에 언제든 폭발할 수 있다. 시한폭탄이라고 할 수 있지만, 그 폭탄의 타이머는 우리가 아는 게 없다.

베텔게우스가 이런 비정상적인 행태를 보이기 시작하자 사람들은 수명을 다할 때가 온 것 같다고 생각했다. 우리은하의 별이 초신성 폭발을 일으키는 장면을 마지막으로 사람이 직접 관측한 것은 1604년이었다. 그러니 우리의 장비를 전부 다 동원해서라도 그 희귀한 사건을 보고 싶은 천문학자들이 얼마나 관심을 쏟았을지 짐작할 수 있겠다.

2020년 2월, 코로나감염증 팬데믹으로 규제가 시작된 바로 그 시점에 베텔게우스는 정상적인 상태로 돌아왔다. 천문학자들은 폭발을 기다리는 대신 관측한 결과를 설명할 자료를 분석하는 쪽으로 관심을 돌렸다. 분석 자료에 대한 설명은 2022년이 돼서야 찾을 수 있었다. 일본 기상위성으로 시도했던 몇 가지 관측에 우연히 베텔게우스를 포함한 별들이 포착됐으며, 다른 데이터와 취합해 결론을 내릴 수 있었다. 위성에 포착된 것을 보면 짧은 시간 동안 베텔게우스 표면에 아주 커다란 검은 점이 나타났다. 이 점이 나타난 뒤 표면에서 물질이 대량 방출돼 구름을 이뤘고, 잠시 동안 베텔게우스는 어두워졌다.

모든 것이 이제 명확해졌다. 단 한 가지, '왜 이 소식이 언론에 공표되었을까' 하는 의문만 남는다. 지구에서 500광년에서 630광년 거리에 있는 베텔게우스는 상대적으로 가까운 별이다. 이러한 거리에 있는 초신성은 지구 생명에 굉장히 위험하다. 예를 들어 약 3억 5,900만 년 전 발생한, 한겐베르크Hangenberg 사건으로 불리는 지질학적 사건이 있다. 그 당시 일어난 두 번째 데본기 멸종이 지구에서 65광년 떨어진 초신성으로 인해 일어났다는 것은 여러 가설 가운데 하나다.

여기서 잠시 마음을 가라앉히고 이야기를 이어가 보자. 최근 계산에 따르면 베텔게우스는 대량 멸종을 일으키지도, 우리에게 그다지 큰 해를 끼치지도 않는다. 어쨌든 거리가 충분히 머니 안심해도 좋다. 이런 종류의 현상을 목격하는 것은 행운일 수밖에 없다. 1054년 폭발한 SN1054는 지금까지 관측된 가장 밝은 초신성 가운데 하나로, 세계 여러 곳에서 관측됐다. 중국 천문학자들은 이 별을 거의 23일 동안 낮에도 볼 수 있었으며, 밤 시간에는 거의 2년 동안 나타났다고 상세하게 기록했다. 기록에 따르면 SN1054가 폭발하기 이전의 별은 6,500광년 떨어져 있으며, 폭발의 잔해는 하늘에서 볼 수 있는 가장 아름다운 게성운이다. 게성운은 아직도 빛을 발한다.

초신성은 왜 위험할까? 먼저 초신성이 무엇인지부터 알아야 한다. 별은 진화를 거치며, 그 별의 특성은 질량에 따라 달라진다. 별은 일생의 대부분을 중심에서 수소를 헬륨으로 바꾸는 일로 보낸다. 연료가 부족해지기 시작하면 핵융합반응은 바깥 껍질로 이동한다. 그러다가 어느 시점이 되면 수소는 바닥난다. 이때가 되면 작은 별은 활동적인 삶을 마치고, 바깥 껍질에서 헬륨을 태우는 적색거성이 된다. 다시 말해 크기가 태양만 한 별은 핵융합으로 생성된 헬륨을 연소해 탄소로 바꾼다. 그러나 중심부의 온도와 압력이 탄소 핵융합을 점화시키지 못해 바깥 껍질에서 헬륨을 융합하는 적색거성이 된다. 적색거성의 바깥 대기는 우주 공간으로 방출돼 행성상성운이 된다.

탄소와 헬륨만 남은 뜨겁고 밀도가 높은 중심부가 백색왜성이다. 백색왜성은 더 이상 핵융합이 일어나지 않기 때문에 서서히 냉각된다. 연료가 바닥나면 더욱 크고 무거운 별들은 이전 진화 단계에서 만든 연료를 점진적으로 연소시킨다. 이 별들은 질량도 중력도 크기 때문에 가능하다. 별의 진화 단계별 핵융합반응은 진행될수록 점점 더 많은 양의 에너지가 필요하기 때문에 온도도 더 높아야 한다. 핵융합반응에 필요한 에너지는 물질들이 중력에 의해 서로 끌어당겨져 좁은 영역으로 모이는 중력수축이 공급한다. 중력은 별 중심을 수축시켜 밀도와 온도를 높인다.

이런 연소의 연쇄반응은 철이 생산되면 중단된다. 철의 연소에는 중력에서 발생하는 에너지보다 더 많은 에너지가 필요하지만, 별 내부에서는 그런 일이 일어날 수 없다. 이때 어떤 일이 발생하는지 알려면 별은 미세한 균형을 이루며 산다는 것, 한 가지를 떠올리면 된다. 별을 수축시키려고 하는 중력과 동시에 핵융합반응으로 만들어진 물질이 밖으로 밀어내는 압력이 생긴다. 이 두 힘이 균형을 이뤄 별이 붕괴되거나 폭발하지 않고, 구 형태를 유지한다. 두 힘 가운데 하나가 균형을 잃으면 남은 다른 힘이 우세해진다.

최종 단계에서 별이 철을 생산하게 만드는 연료마저 바닥나면 핵융합반응은 더 이상 중력에 맞설 수 없다. 이 시점에서 별의 모든 물질이 붕괴된다. 놀라울 정도로 많은 에너지가 방출되는 어마어마한 재난이다. 일반적으로 별을 이루는 물질이 중심부에서 붕괴돼 엄청나게 압축된 뒤 바깥쪽으로 밀려나가는 방식이 이 과정의 진행 순서다. 중간에 먼지와 가스 구름을 비롯해 중성자별이나 블랙홀, 두 가지 형태의 천체가 남는다. 바로 막대한 에너지가 방출되는 초신성 폭발이다. 한 은하에서 초신성이 폭발하면 그 은하 안에 있는 모든 별의 밝기를 합친 것보다 더 밝아질 수 있다.

초신성이 폭발하면 가시광선뿐 아니라 감마선과 X선, 그리고 모든 종류의 방사선이 나온다. 이러한 전자기파는 지구 대기와 상호작용을 일으키며, 이 가운데 감마선은 특별한 방식으로 상층대기에 있는 산소와 질소 분자를 질소산화물로 변환시킨다. 이는 크게 위험한 일이다. 세 개의 산소 원자로 된 오존으로 이뤄진 오존층을 감마선이 파괴할 수 있기 때문이다. 극지방에는 오존층에 얇은 두 개의 구멍, 즉 오존 구멍이 났다. 문제의 원인은 오랫동안 냉장고나 스프레이의 냉매로 사용했던 염화불화탄소CFC라는 기체다. 좋은 소식은 염화불화탄소의 사용을 금지하고 대체 가스를 쓰도록 조치한 국제적 노력 덕분에 두 개의 구멍이 닫히고 있다는 것이다. 이처럼 인류가 다 함께 노력하면 뜻밖의 성과를 거둘 수 있다.

오존층은 왜 그렇게 중요한 걸까? 오존 자체는 유독가스지만, 지구 상층대기에서는 중요한 여과 작용을 한다. 자외선이 오존에 흡수돼 지구 표면으로 내려오지 못하게 만든다. 자외선이 적을 때는 우리 건강에 필요한 비타민 D를 만드는 데 도움이 되는 등 유익한 면이 있다. 하지만 자외선이 많으면 눈을 손상시키고, 면역체계를 변화시켜 암을 유발한다. 주로 자외선이 나오는 것은 태양이

지만, 오존이 없다면 우주에서 오는 엄청난 양의 방사선이 지구로 들어오게 된다. 방사성물질을 포함해 초신성에서 나온 물질은 두말할 것도 없이 생명체를 죽음에 이르게 한다. 먹이사슬에서 한 가지 요소만 타격을 입더라도 전체가 붕괴된다는 점이 중요하다.

이 시점에서 늘 불안한 사람이라면 상황이 얼마나 심각한지 궁금할 수 있다. 그렇게 걱정할 필요는 없다. 우리가 아는 별 중에 지구에 해를 끼칠 정도로 가까운 초신성이 폭발한 경우는 없었다. 초신성의 종류에 따라 다르지만, 일반적으로 26광년보다 가까워야 위험할 수 있다. 이런 사건은 우리은하에서 평균 6억 5,000만 년마다 발생하는 것으로 추정된다. 그러니 안심해도 좋다. 적어도 우리가 지금까지 말한 초신성에 대해서는 말이다.

초신성 외에 중력파 덕분에 처음 관측된 새로운 위협도 있다. 중력파는 붕괴되는 질량이나 아주 거대한 천체가 시공간에서 만드는 잔물결이다. 자세히 설명하기 위해 일반적으로 연못을 예로 든다. 호수에 돌을 던지면 물결이 생긴다. 시공간에서도 마찬가지다. 다만 시공간은 4차원이고, 호수는 3차원으로 물결이 생기는 2차원 표면일 뿐이라는 점만 다르다. 우리의 뇌는 3차원보다 차원이 높은 물체는 상상할 수 없으므로 시각적으로 확인하기 어렵다. 하지만 개념을 이해하는 것은 중요하다.

중력파는 일반상대성이론으로 예측됐고, 2015년 미국에 있는 두 대의 거대한 안테나로 관측하기 전까지 60년 넘게 연구됐다. 당시 발견 덕분에 관측 장비를 설계한 사람들에게 노벨 물리학상의 영광이 돌아갔다. 이들 중에는 영화 〈인터스텔라Interstellar〉에 과학 자문을 한 것으로 유명한 미국 물리학자 킵 손Kip Thorne도 있다.

중력파는 완전히 새로운 방식으로 우주를 바라보게 해주었다. 2015년에 중력파 관측이 성공하기 전까지 우리가 확인할 수 있는 것은 전자기파(가시광선을 비롯한 전파, 감마선 등)와 직접 포착하는 게 대단히 어려운 중성미자밖에 없었다. 중력파로 확인할 수 있는 천체에는 킬로노바Kilonova가 있다. 밀도가 굉장히 높은 두 개의 중성자별로 이뤄진 킬로노바는 처음에는 서로 주위를 돌면서 가까워지다가 합쳐져 대부분 블랙홀이 된다. 엄청난 전자기파를 방출하는 에너지원이라는 것은 말할 필요가 없으며, 특히 감마선이 많이 나온다. 킬로노바는 초신성보다 더 격렬한 사건으로, 아주 멀리 떨어진 곳에서 일어나더라도 한층 위험할 수 있다. 여기에는 또 다른 요인이 있다. 이런 천체는 천체의 자기극과 같은 곳을 향하는 두 개의 방향으로 빛을 집중적으로 방출한다. 두 방향으로 발사되는 소총처럼 말이다. 따라서 가까운 곳에서 폭발하기 직전 상태인 킬로노바가 있다고 해도 지구에 해를 끼치려면 그 방향이 지구와 정렬돼 있어야 한다.

실제로 방출 방향이 지구를 향할 가능성이 있는 천체가 있다. 킬로노바가 아니라 삼중성계(세 개의 별이 중력으로 묶여 있는 시스템—옮긴이) 별인 WR104라는 천체다. 이 별들은 지구에서 8,000광년 떨어져 있다. 별 가운데 하나가 앞으로 10만 년 안에 초신성처럼 폭발하게 된다. 언제든지 일어날 수 있는 일이다. 이 경우 빛이 두 개의 방향으로 방출되며, 일부 연구에 따르면 지구와 같은 방향으로 정렬될 수 있다. 만일 그렇다면 위협이 될지도 모른다. 이 천체가 정말 지구를 위협하려면 WR104는 킬로노바에서 나타나는 것처럼 강렬한 감마선 폭발과 같은 특성을 보여야 한다. 이런 현상은 지금까지 우리은하에서는 단 한 번도 관측된 적이 없는 데다 지구에 영향을 미치려면 오존층을 쓸어버릴 정도로 강력해야 한다. 동시에 방출이 일어나는 방향은 그 좁은 범위 안에 지구가 들어와야 하지만, 우리는 WR104가 그런 특성을 보일지 알 수 없다. 어쨌든 과학적으로는 가능하지만, 믿기 어려울 정도로 일어나기 힘든 확률이다.

한 가지 더 있다. 지금까지 초신성 폭발이 위험할 수 있다고 말했다. 그러나 초신성이 아니었다면 지금 우리가 여기서 이런 이야기를 할 수 없다. 별은 다양한 화학원소를 만들어내는 공장이지만, 철보다 무거운 원소는 만들기 어렵다. 그런데 우리의 몸과 지구에는 무거운 원소가 많다. 이 원소는 어디서 온 것일까? 답은 초신성이다.

철보다 무거운 원소를 만드는 데 필요한 에너지는 굉장히 격렬한 현상이 일어날 때만 방출된다. 태양계에 그런 원소가 있다는 것은 초신성이 그런 원소들을 공급했다는 것을 뜻한다. 또 초신성이 원시 태양계 성운의 밀도를 증가시켜 태양과 행성들을 만드는 데 이바지한 것으로 보인다.

우주는 위험으로 가득 차 있다. 그래서 지구에서 관측하는 것 밖에는 더 이상 할 수 있는 일이 없다. 우주는 지구에 끝없이 위협적이고 적대적인 공간이자 경이로 가득한 천체다. 지구에 사는 우리는 우주를 탐구한다. 거기에는 파괴를 일으키는 천체들이 널려 있다. 그러나 지진과 화산 활동이 지구 생명에 중요한 것처럼 초신성도 마찬가지다. 초신성 폭발로 인한 재난은 아주 먼 미래에 일어날 가능성이 있지만, 초신성은 생명의 원천이기도 하다. 적어도 일생에 한 번 볼 만한 멋진 광경을 연출하는 것은 덤이다.

7

유령

유령이 우주를 돌아다닌다. 실제로 우주론에 등장하는 이 유령으로 인해 우리가 잘 안다고 생각하는 물리법칙에 관한 논란이 일기도 한다. 이 유령은 반물질이다. 반물질이 무엇인지, 왜 이 책에서 다루려고 하는지 알려면 핵과 입자에 관한 물리학을 잠시 되짚어봐야 한다. 어려워 보일 수도 있지만 생각보다 쉽다.

앞서 우리는 별과 핵융합반응을 다룰 때 별을 구성하는 원자와 입자를 언급한 적이 있다. 원자는 핵과 이를 둘러싼 전자로 이뤄진다. 전자는 음전하를 띤 기본입자다. 우리가 아는 한 어떤 입자가 결합돼 전자가 만들어지지는 않는다. 과거 원자가 어떻게 만들어졌는지 알기 위해 가장 많이 쓴 비교 대상은 태양계였다. 핵은 태양과 비슷하고 중심에 있으며, 전자는 그 주위를 돈다.

그러나 양자역학은 우리가 원자를 보는 방식을 바꾸어놨으며, 우리가 생각하는 비교 방식은 더 이상 유효하지 않다. 전자는 핵 근처에 있으면서 확률의 구름을 이루고 있다. 본질적으로 전자가 어디에 있는지 정확하게 말하는 것은 불가능하지만, 이곳 또는 저곳에 있다고 말하는 것보다 어떤 지역에 있을 가능성이 많다고 말하는 게 옳다. 바로 양자역학의 가장 중요한 규칙 가운데 하나인 하이젠베르크의 불확정성 원리다. 단순하게 설명하면 입자가 어떤 상태인지를 정의하는 특성을 정확하게 아는 것이 불가능하다는 원리다. 예를 들어 입자의 위치를 정확하게 안다면 입자의 속도는 알 수 없으며, 그 반대도 마찬가지다.

불확정성 원리는 기본적으로 어떤 물리량을 측정하는 일이 그 양에 변화를 가져온다는 것을 기본으로 한다. 우리가 이 세상에서 매일 보는 것과 상반되기에 쉽게 이해하기 힘든 개념이다. 어쨌든 전자가 핵 주변에 있으며, 특정 지역에 위치할 확률이 상당히 높다. 반면 핵은 아무 전하도 없는 중성자와 양전하를 띤 양성자, 이렇게 두 입자로 구성된다. 그런데 중성자와 양성자는 쿼크Quark라는 입자로 구성돼 있기 때문에 소립자가 아니다. 양성자 수와 전자 수는 원자 안에서 똑같기 때문에 일반적으로 원자는 전하를 띠지 않는다. 여러 이유로 원자에서 하나 이상의 전자가 떨어져나갈 수 있다.

앞서 하전입자에 대해 말했다. 이런 하전입자를 이온이라고 한다. 화학종은 양성자 수, 즉 전자 수로 결정된다. 이를테면 우주에 가장 많이 퍼져 있는 원소인 수소는 한 개의 양성자로 구성되며, 경우에 따라 하나 또는 두 개의 중성자가 들어간다. 중성자 수는 특정한 화학종에서 다양한 동위원소를 결정한다. 같은 원소지만 변종이라고 할 수 있다. 수소의 경우 핵에 하나의 양성자와 하나의 중성자가 들어 있는 중수소, 양성자 하나와 중성자 두 개가 있는 삼중수소가 있다.

지금까지 말한 것을 정리하면 원자는 양전하와 음전하 사이의 인력으로 결합돼 있다. 극성이 다른 전하는 서로 끌어당기고, 극성이 같은 전하는 서로 밀어낸다. 그렇다면 원자핵은 어떻게 공존할 수 있는지 궁금해진다. 한마디로 작용 범위가 아주 짧은 강한 핵의 힘(강력) 덕분이다. 그래서 이 힘은 핵들 사이의 간격이 짧을 때만 작용한다.

우리가 마지막으로 알아야 할 개념은 모든 물질은 원자로 되어 있다는 점이다. 여러 화학원소가 다른 것은 원자번호라고 부르는 양성자 수가 다르기 때문이다. 우리가 사는 세상에서 매일 보는 모든 것은 원자와 입자 사이에 이뤄지는 상호작용의 결과다. 적어도 물질에 관해서는 명확한 사실이다.

19세기 말, 물리학자들은 전하가 다른 물질로 된 입자와 완전히 같은 입자가 존재할 수 있다는 생각을 하기 시작했다. 양전하를 띤 전자와 음전하를 띤 양전자가 존재할 수 있다고 상상한 것이다. 이런 입자를 반입자라고 불렀고, 이 가상의 물질이 반물질을 구성할 것이라고 생각했다. 이 가설을 세운 영국 물리학자 아서 슈스터Arthur Schuster는 반중력, 즉 중력과 같지만 반발력(척력)이 존재할 거라고 가정했다. 이 가설은 양자역학의 아버지 가운데 한 명인 폴 디랙Paul Dirac의 예측으로 확고해지기 시작했다. 디랙은 물리학에서 가장 유명한 방정식 중 하나인 슈뢰딩거 방정식을 수정한 버전에서 반전자(양전자라고도 부른다)의 존재를 생각해냈다. 물론 어떤 일이 이론적으로 가능하다고 해서 실제 세계에서 반드시 일어나는 것은 아니다. 그러나 물리법칙이 어떤 존재를 금지하지 않는다면 그 존재를 연구하는 명분은 있는 셈이다. 반물질은 시간이 흐른 뒤에 발견됐다. 1932년 양전자의 존재에 관한 실험적 증거가 나왔다.

여기서 주의할 점은 반물질이 아무 방해 없이 세상을 자유롭게 돌아다닌다고 생각하면 안 된다는 것이다. 물질과 반물질이 만나면 서로를 소멸시키는 유별난 특징이 있기 때문이다. 물질 입자와 반물질 입자가 접촉하면 곧바로 전자기파가 방출된다. 이 전자기파는 에너지가 높은 광자인 감마선이다. 어쨌든 두 입자는 사라지고 순수한 에너지로 전환된다. 그래서 우리가 사는 우주처럼 물질의 지배를 받는 곳에서는 반물질이 제대로 작용할 수 없으며, 실제로 찾기도 어렵다.

일반적으로 우주선Cosmic ray은 우주로부터 날아와 늘 지구에 부딪힌다. 하지만 그 양이 많지 않아 지구 대기와 접촉하자마자 즉시 사라진다. 반물질은 6장에서 본 것처럼 고에너지 현상 가운데 몇 가지 사건이 일어날 때 만들어진다. 또한 물질이 만들어지는 방식을 이해하기 위해 하는 실험 도중에 인공적으로 만들어지기도 한다. 보통 이런 실험은 충돌 결과 생긴 물질을 연구하기 위해 입자를 가속시켜 충돌하게 만든다. 그렇다. 물질에 관해 알기 위해서는 파괴해야 하는데, 입자가속기라는 장치에서 파괴가 일어난다. 가장 유명한 입자가속기는 유럽입자물리연구소에 있는 대형강입자가속기Large Hadron Collider, LHC다.

양전자는 의학에서도 널리 쓰인다. 특히 양전자 방출 단층촬영Positron Emission Tomography, PET이라는 방법을 많이 활용한다. PET가 어떻게 작동되는지 알려면 간단한 내용부터 알아야 한다. 앞서 원자핵을 하나로 묶는 힘이 강한 핵력이라고 했다. 그러나 어떤 원소의 동위원소 몇 가지는 불안정하며, 붕괴하는 경향이 있다. 다시 말해 더 안정적인 원소로 변한다. 이것이 방사성동위원소다. 금속을 귀금속으로 만들고 싶은 꿈의 기술인 연금술과 방사능이 연관돼 있다는 점을 생각하면 재미있다. 연금술은 값어치가 낮은 물질을 금으로 바꾸려는 시도였다. 화학원소가 붕괴되기는 하지만, 금이 만들어지지는 않는다. PET 검사에서는 나중에 붕괴돼 양전자를 만들어내는 방사성물질을 환자에게 주입한다. 양전자가 신체조직을 통과할 때 전자와 함께 소멸되면서 방사선을 내뿜고, 기계장치는 이 방사선을 영상으로 변환한다.

우주에서 생기는 반물질에 관한 이야기로 돌아가 보자. 기초물리학에서 해결되지 않은 근본적인 문제가 있다. 왜 우리 우주는 반물질이 아닌 물질로 만들어졌을까? 기초 물리학에서는 물질과 반물질이 태초에 소멸돼 모두 에너지로 전환된 이유를 아직 찾지 못했다고 말하는 편이 나을지도 모른다.

그렇다면 궁극적으로 우주는 왜 존재할까? 이 질문은 우주의 탄생에 관한 가장 신뢰받는 이론인 빅뱅에 뿌리를 둔다. 1927년 벨기에의 신부이자 물리학자 조르주 르메트르Georges Lemaître가 처음 제안했다. 르메트르는 현재 우주에서 우리가 관측하는 모든 물질이 처음에는 단 하나의 점에 응집돼 있다고 생각했다. 르메트르는 이 지점을 원시 원자 또는 우주의 알이라는 시적인 단어로 표현했다. 이유는 알 수 없지만, 이 '알'이 어느 순간 팽창하기 시작했다. 그 이후 연쇄적인 과정을 통해 우리 눈에 보이는 모든 것이 탄생했다. 그런데 빅뱅에서는 수소와 헬륨, 약간의 리튬, 이 세 가지 원소만 만들어진다. 다른 모든 원소는 별과 초신성에서 생겼다.

빅뱅 이론은 우주의 일생을 알려줄 뿐 아니라 어떻게 과거 한 지점에서 현재 우리가 보는 모든 것이 만들어졌는지 설명해준다. 뿐만 아니라 우주 초기에 같은 양의 물질과 반물질이 만들어졌어야 한다고 예측한다. 왜 물질만 살아남았는지는 현대 물리학에서 풀어야 할 가장 큰 문제 가운데 하나다. 과학자들이 많은 실험을 통해 이를 해결하려고 노력하고 있지만, 아직 이렇다 할 성과가 나오지 않았다.

간단한 해결 방법을 생각할 수 있다. 만일 우리 우주에 실제로 반물질이 있다면 어떨까? 그리고 우리가 그 반물질을 관측할 수 없다면? 이런 가설이 완전히 불가능한 것은 아니다.

멀리서 보면 반물질로만 된 반은하는 일반적인 은하와는 구분되지 않을 것이다. 반물질에서 나오는 빛도 물질에서 방출되는 것과 같을 것이다. 그런데 거대한 반물질 구조가 지금까지 관측된 적이 최소 한 번은 있었다. 바로 우리은하 중심 근처에 있는 거대한 구름이다. 이 구름은 물질-반물질 소멸에서 비롯됐고, 그 소멸 작용과 같은 특성을 가진 강력한 감마선 방출 덕분에 발견됐다. 은하 중심 근처에 있는 반물질이 정적인 상태에서 방출된 것이 아니라 반물질이 비정상적으로 감마선을 뿜어내는 지역인 것으로 보인다. 2017년 그 답이 나오지 않았다면 오랫동안 반물질을 만들어낸 원인은 미스터리로 남았을지도 모른다. 당시 나온 답은 그 지역에 상대적으로 가시광선을 많이 방출하지 않는 특별한 종류의 초신성이 있다는 것이었다. 이 가설로 두 개의 백색왜성이 결합해 초신성이 탄생했다는 것, 반물질을 직접 볼 수 없는 이유가 설득력을 얻었다.

그 거대한 구름이 더 이상 미스터리가 아니고, 반물질로 된 고립된 천체가 아니라고 해서 완전히 반물질로 된 천체를 찾지 않을 이유는 충분하지 않다. 이 지점에서 우주 재난에 대해 알아볼 필요가 있다. 반물질 별이 존재한다고 상상해보자. 그 별이 지구 근처를 지나가거나 태양과 충돌하면 어떻게 될까? 우리는 6장에서 말한 첫 번째 문제와 만난다. 우주는 대부분 텅 비어 있고, 아직 먼 거리에 있는 두 천체가 충돌할 가능성은 극도로 낮다. 벌써 걱정하지 않아도 된다. 어쨌거나 그런 일이 일어날 수 있다고 상상해 보자. 지금까지 살펴본 것을 바탕으로 생각하면 재난보다 훨씬 큰 사건이 될지도 모른다. 물질–반물질 소멸로 방출되는 에너지는 엄청나다. 두 천체를 이루는 물질이 순식간에 전부 에너지로 바뀐다는 것만 생각해봐도, 그 일이 얼마나 강력할지 감이 온다. 태양 질량 전체가 한순간에 소멸돼 감마선 소나기가 되어 태양계를 통째로 휩쓸어버릴 수도 있다.

이 사건이 일어날 가능성은 매우 낮다. 그러나 물리적 측면에서 실제로 얼마나 신빙성이 있는지 알아볼 필요는 있다. 이런 사건이 먼 훗날이라도 일어날 수 있을까? 반물질만으로 된 천체가 가까운 곳이나 먼 거리에 존재할까? 이 질문들에 대한 답은 '모른다'이다. 불가능에 가깝고 과학자 대부분이 존재하지 않는다고 생각하지만, 이에 대한 연구를 안 하는 것은 아니다.

반은하와 관련해 처음 제기된 의문은 '어떻게 하면 반은하를 관측하고, 그게 반은하인지 알 수 있을까' 하는 것이었다. 나는 반은하가 방출하는 빛이 평범한 은하와 같다고 말한 적이 있다. 반은하를 구분하는 유일한 방법은 소멸로 만들어진 감마선을 관측하는 것이다. 예를 들어 은하가 은하 간 가스 구름과 접촉하는 때이다. 이 가스 구름이 한 은하와 다른 은하 사이의 공간에 있으며,

우리가 아는 일반 물질로 이뤄져 있어야 한다. 그러나 우리는 그런 구름은 한 번도 본 적이 없다. 어떤 방식이든 이러한 반은하는 일반 물질과 단절돼 있다는 결론을 내려야 할지 모른다. 우주는 빈 공간이 많아 그럴듯한 가설로 보일 수도 있다. 그러나 이 빈 공간에는 세제곱미터당 평균 한 개의 수소 원자가 포함돼 있다. 그 정도면 우리가 관측할 수 있는 소멸이 일어나기에 충분하지만, 실제로 본 적은 없다. 따라서 고립된 반은하의 존재를 부정하는 물리 법칙이 있는 것은 아니지만, 반은하가 존재할 가능성은 굉장히 희박하다. 지금까지 관측된 적도 없다.

우리를 가장 걱정스럽게 하는 것은 아마 몇 백만 광년 떨어져 있는지도 잘 모르는 먼 은하계보다 훨씬 더 가까운, 위험한 반물질 별일 수도 있다. 반은하의 특성은 정말 순수한 추측에 불과했지만, 반물질 별은 실제로 측정한 적이 있다. 2018년에 한 이 관측은 반물질로 된 별이 있다고 가정하면 설명이 된다.

같은 해에 국제우주정거장 밖에 설치된 장비 가운데 알파선 자기분광기Alpha Magnetic Spectrometer, AMS로 두 개의 반헬륨 입자를 발견했다. 이전에도 여섯 개의 반헬륨을 검출한 적이 있기에 당시 발견은 상당히 의미가 컸다. 여덟 개의 측정값이 확실한 증거가 된 것은 아니지만, 적어도 후속 조사로는 이어질 수 있다. 반원자는 관측 가능성이 극히 낮기 때문이다.

반수소로 된 가장 단순한 물질은 실험적으로 만들 수 있다.

첫 번째 반수소는 1996년에 만들어졌으며, 그사이 우리는 더 많은 양을 만들 수 있는 수준이 됐다. 분명한 것은 반헬륨의 수명이 아주 짧다는 것이다. 그 짧은 시간 동안 반헬륨은 물질 원자를 만나 소멸된다. 우리가 그전까지 본 반원자는 모두 연구 시설에서 생산됐다. 감마선에서도 양전자와 반양성자만 볼 수 있다. 게다가 우리가 만들 수 있는 유일한 반물질 원소는 반수소다. 그런데 원자번호가 클수록 반원자를 만드는 데 믿을 수 없을 만큼 많은 에너지가 필요하다. 간단히 말해 그 여덟 개의 반헬륨 원자는 상당히 문제가 됐다. 이것을 설명할 수 있는 유일한 방법은 사실상 반물질 별밖에는 없다. 반물질 별도 일반적인 별에서 일어나는 작용과 똑같이 반수소를 연소시켜 반헬륨을 만들 것이라고 생각된다.

반물질 별의 존재는 우리가 우주를 보는 방식을 근본적으로 바꿀 수 있을 만큼 거대한 일이다. 그래서 아주 믿을 만한 관측 데이터를 통해 증명해야만 한다. 당연히 여덟 개의 반원자로는 증명하기 어렵다. 과학자 대부분은 AMS 측정값이 특정한 오류에 영향을 받는다고 믿고 있다. 이런 일이 드문 것은 아니다.

최근 세상을 떠들썩하게 만든 발견이 나중에 측정 오류인 것으로 드러난 예가 있다. 가장 유명한 예는 빛보다 빠른 중성미자다. 실험에 참여한 연구자들은 CERN에서 이탈리아 그란사소Gran Sasso로 보낸 중성미자 패키지를 이용했다. 그란사소는 아펜니노 산맥의 거대한 암반 아래에 있는 연구소로, 물질을 연구하기 위한 물리 실험을 수행하는 곳이다. 과학자들은 2011년 9월 이곳에서 중성미자를 발견했다고 발표했다. 진공에서 빛보다 빨리 움직이는 것은 없다고 예측한 상대성이론(수없이 입증된 이론) 자체를 부정하는 결과라서 커다란 논란을 일으켰다. 그러나 2012년 6월, 아무도 이 실험을 재현하지 못해 측정 자체가 오류였다는 것을 알게 됐다. 간단히 말해 AMS에서 나온 여섯 개의 반원자는 반물질 별이 있다는 증거가 되지 못한다. 그 반원자는 아직도 설명할 수 없는 상황이다.

그사이 누군가는 우리가 반은하에 대해 이야기하면서 설명한 것과 같은 시스템을 통해 반물질 별을 찾으려고 노력했다. 소멸이 일어날 때처럼 감마선 방출을 측정한다는 아이디어로 시작한 도전이었다. 누군가 관측한 감마선 방출이 하늘에 있는 천체와 일치하지 않는 경우 일단 반물질 별 후보로 분류했다. 이 과정을 통해 연구팀은 10년 동안 분석한 6,000개의 천체 가운데 14개를 후보로 간추렸다. 그 누구도 이 후보군이 반물질 별들이라고 믿지 않았으며, 실험을 한 연구자들조차 그렇게 생각하지 않았다. 그런 방출은 이미 알려진 천체에서 나왔을 가능성이 굉장히 높기 때문이다. 어쨌든 이 실험 덕분에 하늘에서 얼마나 많은 반물질 별들이 기다리고 있는지 추정할 수 있게 됐으며, 그 결과는 흥미로웠다. 40만 개의 별 가운데 겨우 하나가 후보로 분류됐다. 별을 만드는 구름이 소멸되지 않아야 약 130억 년(우주의 추정 나이) 동안 살아남을 수 있기 때문이다.

요점은 안심해도 된다는 것이다. 문제의 천체는 전혀 관측된 적이 없고, 그런 게 있다고 해도 수가 적으며, 지구 충돌 가능성은 0퍼센트다.

마지막으로 한 가지 더 생각해볼 게 있다. 과학소설에나 나올 법한 내용이다. 어쨌거나 물질과 반물질 사이에 일어나는 소멸에서도 막대한 에너지가 방출된다. 1킬로그램의 물질과 1킬로그램의 반물질 사이에 반응이 일어날 때 나오는 에너지가 석유 1킬로그램을 연소할 때 나오는 것보다 약 40억 배 많다. 더욱이 어떤 폐기물이나 재를 만들지도 않는다. 현재 지구 기후와 에너지 문제를 해결해줄 수 있는 이상적인 해결책이 될지도 모른다.

과학소설에서는 이런 식으로 연료를 공급하는 우주선 엔진을 상상하곤 한다. 고전적인 예로 《스타트렉Star Trek》의 워프 드라이브Warp drive(초광속 추진 시스템—옮긴이)가 소멸 작용을 통해 연료를 공급받는다. 이것은 현실 세계에서도 진지하게 논의한 적이 있다. NASA는 밴앨런대Van Allen belts에서 생성되는 반물질의 수집 가능성을 시험했었다. 밴앨런대는 지구 상공에 하전입자가 갇혀 있는 도넛 모양으로 된 자기장 영역이다.

이 실험은 성공하지 못했다. 반물질을 에너지로 쓰는 것은 다른 에너지보다 생산하는 데 지나치게 많은 비용이 들기 때문이다. 안타깝지만 우리는 엔진에 공급할 연료로 다른 것을 생각해야 한다. 초신성처럼 겉으로 보기에는 위험하지만, 현실적으로 유익할 수도 있다. PET를 생각해보라. 우리는 더 먼 우주로 나아가야 할지도 모른다. 생존을 위협하는 일이 끝나려면 아직 멀었기 때문이다.

8

암흑으로 돌아가다

모든 천체를 통틀어 꾸준히 작가와 일반 대중의 상상력을 자극해온 것이 있다. 구체적으로는 몰라도 이름 정도는 들어봤을지도 모른다. 일반상대성이론과 관련이 있고, 직관에 반하는 생각을 뛰어넘는 개념이다. 그렇다, 블랙홀이다! 블랙홀이 우리를 위협하게 될까? 그럴 수도 있다.

제대로 블랙홀을 이해하려면 처음부터 시작해야 한다. 여러 번 설명했지만 블랙홀도 기본적으로 별의 원리를 따른다. 앞서 별의 진화를 이해하기 위한 기본 틀을 살펴봤고, 가장 큰 별들은 우주에서 관측할 수 있는 가장 강력한 현상 가운데 하나인 초신성 폭발로 생을 마감한다고 이야기했다. 이때 남는 것이 중성자별과 블랙홀이다. 이 시점에 우리는 두 천체가 무엇인지 알아야 한다.

별 안에서는 별을 수축시키려고 하는 중력과 핵융합반응을 통해 별을 팽창시키려고 하는 압력이 미세한 균형을 이룬다. 별에서 만들어진 물질은 그 진화 단계가 끝나면 더 이상 핵융합에 의한 압력을 만들어내지 못한다. 따라서 중력에 맞설 수 있는 다른 메커니즘이 있어야 한다. 태양과 같은 별은 수명이 다하면 아주 작고, 굉장히 뜨거운 백색왜성이 된다. 이 별의 크기는 행성만 하지만, 질량은 별과 비슷해 밀도가 굉장히 높다. 이 별들 안에서 중력은 전자 축퇴 압력으로 상쇄된다.

전자 축퇴 압력이 무엇인지 알려면 양자역학이라는 역설적인 세계를 파고들어야 한다. 전자는 원자핵 주위에 확률 구름을 이루고 있다고 했다. 이제 전자에는 불확정성 원리 말고도 또 다른 중요한 원리가 적용된다. 바로 파울리의 배타 원리인데, 이 원리를 처음 생각한 미국 물리학자 볼프강 파울리Wolfgang Pauli의 이름에서 땄다. 이 원리에 따르면 두 개의 전자는 하나의 원자 주변에서 같은 양자 상태로 있을 수 없다. 두 전자가 정확하게 같은 조건에 있을 수 없다는 것이다. 하나의 양자 상태는 단 한 개의 전자만 점유할 수 있다. 아주 복잡하고 시각화하기 어려운 개념이지만, 이런 예를 들 수 있다. 양자 상태는 극장의 의자, 전자는 관객이라고 상상해보자. 의자에는 반드시 한 명의 관객만 앉을 수 있다. 마찬가지로 모든 전자는 단 하나의 양자 상태에만 존재한다.

백색왜성은 가상의 극장에서 맨 앞줄에 있고, 다른 관객들은 모든 좌석에 나란히 앉아 있다고 상상해보자. 극장 앞줄은 다른 관객이 전혀 들어갈 수 없다. 마찬가지로 백색왜성을 이루는 물질은 밀도가 굉장히 높아서 전자는 에너지가 높은 양자 상태로 압축되며, 이후 추가로 일어나는 압축에 저항한다. 그래서 전자는 중력에 맞설 수 있을 정도의 질량에 도달할 때까지 압력을 가한다. 백색왜성의 일부는 탄소로 이뤄져 있는데, 흥미롭게도 이 고밀도의 탄소는 다이아몬드다. 2004년 백색왜성 BPM37093이 발견됐다. 이 별은 재미있게도 비틀스의 노래 〈루시는 다이아몬드와 함께 하늘에 있어Lucy in the Sky with Diamonds〉에서 따온 루시Lucy라는 별명을 얻었다. BPM37093의 핵은 거대한 다이아몬드로 추정된다.

중력이 너무 크면, 그래서 천체의 밀도가 어떤 값을 초과하면 전자의 축퇴 압력도 대응할 수가 없다. 이런 상황은 중성자별에서 일어나며, 중력이 가하는 압력이 전자를 원자핵에서 짓눌러버린다. 양성자와 전자는 중성자를 만들기 때문에 중성자별이라는 이름이 붙었다. 그렇다면 천체가 중력에 맞서 균형을 유지할 수 있는 이유는 무엇일까? 역시 축퇴 압력 때문이다. 이번에는 중성자의 축퇴 압력이다. 실제로 중성자에도 배타 원리가 적용된다.

중성자별은 굉장히 극단적인 천체다. 지름이 30킬로미터를 넘는 경우가 드물 정도로 작고(비교하자면 지구의 지름은 6,000킬로미터가 넘는다), 질량은 태양의 1.4배에서 3배 정도다. 밀도가 상상을 초월할 만큼 높은 천체다. 또한 일부 중성자별은 극단적일 만큼 규칙적인 주기로 전자기복사를 방출하는 독특한 특성이 있다. 그래서 펄서Pulsar라고 부른다. 최초의 펄서는 1962년 아일랜드 북부 출신의 박사 과정 학생, 조슬린 벨 버넬Jocelyn Bell Burnell이 건설한 지

얼마 안 된 전파망원경으로 연구하던 도중 발견했다. 당시 펄서의 존재는 이론화되기는 했지만, 아무도 본 적이 없었다. 버넬 본인도 비정상적인 문제라고 생각해 담당 교수인 앤터니 휴이시Antony Hewish에게 보고했다. 휴이시도 측정 오류거나 지구에 원인을 둔 현상일 거라고 확신했다. 버넬은 이 천체를 작은 초록 인간Little Green Men의 머리글자를 따서 LGM이라고 불렀는데, 외계인을 뜻했다. 외계 생명체의 신호라고 생각해서가 아니라 그저 장난스럽게 붙인 이름이었다. 나중에 그게 펄서라는 것을 알게 됐고, 휴이시는 동료와 함께 노벨 물리학상을 수상했다. 버넬은 아무것도 받지 못했는데, 아직 박사 과정 학생인 데다 십중팔구 여성이었기 때문이었으리라 생각된다.

펄서에서 나오는 방출 현상은 강한 자기장을 동반한 데다 빠른 속도로 자전을 일으키기 때문에 나타난다. 펄서는 자전축과 자기장축이 다르다. 그래서 펄서가 자전할 때 자기극에서 원뿔 모양으로 방출되는 복사가 주변 공간을 휩쓴다. 펄서가 등대처럼 깜빡거리는 이유다. 이런 전자기파 방출(주로 전파지만 X선도 방출된다)은 펄서의 자기극이 지구를 향할 때 나타나며, 복사를 방출하는 표면의 일부 지역이 지구를 향할 때마다 관측할 수 있다.

중력이 너무 세면 더 이상 역학적으로 안정적인 중성자별을 유지할 수 없기 때문에 블랙홀로 붕괴된다. 블랙홀의 존재는 아인슈타인이 상대성이론을 정립하기 전에 이미 이론화됐다. 여러분이

18세기 말에 와 있다고 상상해보라. 당시에 빛의 속도는 진공 상태에서 유한하며, 극복할 수 없는 한계라고 알려져 있었다. 따라서 그 어떤 물체도 빛보다 빠를 수 없다. 영국 자연철학자 존 미첼John Michell은 밀도가 아주 높은 천체는 탈출 속도(천체의 표면에 있는 물체가 중력에서 벗어날 수 있는 속도)가 빛보다 빠르다고 생각했다. 그런 천체는 눈에 보이지도, 관측할 수도 없기에 어두운 별이라는 뜻을 가진 다크스타Dark star라고 불렀다. 그는 다크스타 주변의 모든 물체에 가해지는 중력의 영향만으로 가설을 세웠다.

하지만 그 당시에는 이론상의 추측에 불과했다. 1916년 독일 천문학자 칼 슈바르츠실트Karl Schwarzschild가 아인슈타인의 상대성이론을 바탕으로 블랙홀의 존재를 이끌어내면서 수학적 기초를 찾았다. 상대성이론이 세상에 나온 지 고작 1년밖에 안 됐을 때였다. 이때부터 과학자들은 포착하기 어려운 천체의 존재를 증명할 방법을 찾기 시작했다. 블랙홀에 대한 증거는 오랫동안 간접적인 것밖에 없었다. 1995년부터 우리은하 중심의 별들이 마치 보이지 않는 천체의 중력을 경험하는 것처럼 움직인다고 알려졌다. 동시에 은하 중심에서 나오는 전자기복사가 블랙홀로 물질이 떨어질 때 나오는 것과 비슷한지 조사하기 시작했다. 2019년이 돼서야 블랙홀이 있다는, 제대로 된 관측 증거를 찾아냈다. M87 은하 중심에 있는 블랙홀 영상이었다. 이전에도 블랙홀의 존재에 관한 의혹이 있었던 것은 아니지만, 이 영상은 블랙홀이 실재한다는 불멸의 증거가 됐다.

블랙홀이 어떤 것인지, 특성은 무엇인지 설명해야 할 때가 됐다(그리고 왜 위험할 수 있는지 알아내야 한다). 어떤 천체의 밀도가 아주 높아지면 중력은 다른 어떤 힘도 이길 수 없는 대상이 된다. 적어도 우리가 아는 한 불가능하다. 피할 수 없는 결론은 천체가 극단적인 상황이 될 때까지 스스로 붕괴된다는 것이다. 중력이 멈추지 않는다면 천체의 모든 질량은 한 점에 집중된다. 여기서 말하는 천체와 점은 실제로 아주 작은 천체와 공간상의 좁은 지역을 말하는 게 아니라, 학교에서 배운 수학에 나오는 차원이 없는 점을 뜻한다. 그러면 이 천체의 밀도는 무한이 되며, 이 지점을 특이점이라고 부른다. 물리학적 관점에서 밀도가 무한하게 크고 차원이 없는 특이점에 관해 이야기하는 것은 의미가 크다. 많은 과학자가 특이점이 있다는 것은 우주를 설명하는 두 개의 이론, 즉 양자역학과 일반상대성이론을 조화시키는 방법을 우리가 아직 모른다는 사실을 간접적으로 증명하는 것이라고 생각한다. 블랙홀이 만들어지는 데 반드시 특이점이 필요한 것은 아니다. 빛이 중력을 빠져나갈 수 없을 정도로 밀도가 높기만 하면 된다. 존 미첼이 상상했던 것처럼 말이다.

블랙홀은 직접 볼 수 없다. 우리는 블랙홀 바깥에서 특이점을 볼 수 없다. 블랙홀에서 일정한 거리 안에 있는 모든 것, 즉 사건의 지평선이라는 범위 안에 있는 모든 것은 영원히 집어삼켜질 운명에 있다. 빛도 마찬가지이다. 사건의 지평선은 일종의 경계선으로, 그 너머에서 일어나는 일은 알 수 없다. 그 안으로 빨려들어 간 물체의 정보도 모두 사라진다. 우리가 아는 것은 무엇이든 빠지는 물체의 질량은 보존되기 때문에 블랙홀의 질량이 늘어난다는 점이다.

이야기를 계속하기 전에 블랙홀을 관측하는 두 가지 간접적인 방법 가운데 한 가지를 살펴보자. 이 방법으로 유명한 2019년 영상도 찍을 수 있었다. 블랙홀에 떨어지는 물질은 사건의 지평선 주변을 나선형으로 돌면서 빨려들어 가는 경우가 있다. 이때 중력이 물체의 운동을 믿을 수 없을 만큼 가속하는 동시에 뜨겁게 만든다. 그래서 블랙홀 주변에는 도넛 같은 원반이 만들어진다. 원반은 X선과 감마선, 전파 같은 다양한 전자기파를 방출하는 뜨거운 물질로 이뤄진다. 이게 우리 눈에 보이는 영상으로 찍힌 블랙홀의 모습이다. 그러나 사건의 지평선 너머에 있는 모든 것, 블랙홀의 은밀한 특성은 완전히 감춰져 있다.

이 설명을 바탕으로 블랙홀이 우리에게 줄 수 있는 위험이 무엇인지 알 수 있다. 우리를 집어삼킬 수 있다는 것이다. 그런 일이 일어난다면 어떻게 될까?

블랙홀 안에서 무슨 일이 일어나는지 모르지만, 주변에서 일어나는 일에 관해서는 우리가 제법 정확하게 알고 있다. 블랙홀을 알려면 앞서 달에 관해 말했던 중력과 기조력에 관한 고전적인 공식으로 돌아가야 한다. 중력은 끌어당기는 물체의 질량이 클수록 더 강해지며, 거리가 멀어지면 빠른 속도로 줄어든다. 블랙홀은 천체의 밀도가 극단적으로 높기 때문에 중력이 거리에 따라 엄청나게 달라진다. 지구의 바다에서도 같은 효과가 일어나는데(지구의 바다에 발생하는 힘은 조석력이라고 한다), 믿기 힘들 정도로 훨씬 강하다.

어느 우주인이 블랙홀에 거꾸로 떨어진다고 상상해보자. 블랙홀에서 가장 멀리 떨어진 우주인의 발은 머리에 가해지는 것보다 훨씬 작은 힘을 받는다. 이런 효과를 스파게티화라고 부른다. 가련한 우주인의 몸은 완전히 파괴될 때까지 길게 늘어난다. 지구에도 똑같은 효과가 일어난다. 지구가 블랙홀에 떨어지면 블랙홀 방향으로 늘어나기 시작하면서 처음에는 지진과 화산 활동이 시작되고, 나중에는 조석력 때문에 빠른 속도로 산산조각 난다. 물론 블랙홀이 지구에 다가오는 동안 일어나는 중력 효과를 무시했을 때의 이야기이다. 중력 때문에 조석력이 우리를 조각 내기 훨씬 전에 이미 태양계 전체가 타격을 입게 된다. 그 후 지구와 태양계 전체가 도넛 같은 강착 원반Accretion disk 속으로 빨려들어 가고, 그 밖에 남은 것은 사건의 지평선 너머로 흡수된다. 긴 지구의 역사가 끝장나는 것이다. 한마디로 해피 엔딩은 아니다. 이 모든 일이 과연 일어날 수 있을까?

이론적으로는 가능하다. 천문학자들의 추정에 따르면 우리은하에는 수억 개의 블랙홀이 있다. 별의 수가 1,000억에서 4,000억 개 사이라는 점을 생각하면 무시하기 어렵다. 우리은하 중심에 블랙홀이 있다는 것을 생각하지 않아도(사진으로 찍힌 증거도 있다), 우리은하와 마찬가지로 모든 은하의 중심에는 블랙홀이 있을 가능성이 높다. 이러한 은하 중심의 블랙홀은 초신성 폭발로 만들어진 게 아니다. 이 블랙홀은 태양보다 수십억 배 더 질량이 큰 거대한 천체로, 초거대질량 블랙홀이라고 한다. 별의 진화 단계를 거치지 않은 채 엄청나게 많은 물질이 곧바로 붕괴되면서 만들어졌을 거라고 생각된다. 우리은하 중심에 있는 블랙홀은 문제가 되지 않는다. 지구로부터 2만 7,000광년 떨어져 있으며, 태양은 그 방향으로 움직이지 않는다. 오히려 우리가 속한 나선팔에 있는 다른 별들과 함께 그 블랙홀 주위를 공전하기 때문이다. 진짜 문제는 떠돌이 블랙홀이다.

우리와 가장 가까운 블랙홀은 2022년 가이아 우주망원경이 발견했다. 가이아 우주망원경의 목표는 우리은하에 있는 별의 위치를 최대한 정밀하게 측정하는 것이다. 문제의 블랙홀은 가이아 BH1Gaia BH1이라는 이름을 얻었으며, 약 1,500광년 떨어져 있다. 고물자리 V별V Puppis이라는 또 다른 블랙홀 후보도 있으나 정말 블랙홀인지 확실치 않다. 가이아 BH1은 태양과 비슷한 별과 블랙홀로 이뤄진 쌍성계다. 사실 가이아 BH1도 상대적으로 가까운 것이지, 지금 우리가 아는 바에 따르면 지구 방향으로 움직이고 있지는 않다. 설령 지구 쪽으로 접근하고 있다고 해도 지구와의 거리를 생각하면 수만 년 동안 충분히 안전하다. 다른 블랙홀 후보들도 발견됐지만, 그보다 훨씬 멀리 떨어져 있으며 다행히 지구와 충돌 경로에 있는 것은 없다. 물론 알려지지 않은 블랙홀도 있을 수 있겠지만, 우리가 이 책에서 여행하는 도중에 알게 된 것과 같은 원리가 적용된다. 우주는 거의 텅 비어 있고, 충돌 가능성은 희박하다. 그러니 편안하게 잠을 청해도 좋다. 지금 당장은 우리의 지평선 위에 블랙홀은 없다. 여기서 호기심을 자극하는 게 두 가지 더 있다.

엄격하게 이론적인 관점에서 보면 블랙홀에 빠진다고 해서 모든 것이 끝나는 것은 아니다. 1916년에 오스트리아의 물리학자 루트비히 플람Ludwig Flamm이 아인슈타인 방정식의 해법을 찾아냈다. 이 해법은 특정 유형의 블랙홀을 정의하기 위해 블랙홀과 반대되는 존재인 화이트홀을 제시한다. 화이트홀은 물질과 에너지, 빛을 내보내기만 한다. 블랙홀에는 들어갈 수만 있고, 화이트홀에서는 나올 수만 있다. 기본적으로 블랙홀-화이트홀 시스템은 우주에서 멀리 떨어진 두 영역을 연결하는 시공간 터널을 이룬다. 이 터널의 존재를 이론적으로 증명한 두 과학자의 이름을 따서 아인슈타인-로젠 다리라고 부른다. 좀 더 암시적인 의미로 웜홀Wormhole이라는 이름이 붙었다. 이는 우주 탐사에서 가장 큰 한계, 즉 어떤 물체도 빛보다 빨리 운동할 수 없다는 것과 천체들 사이의 거리가 너무 멀다는 난관을 해결해줄지도 모른다. 그래서 지구와 가장 가까운 별까지 가려고 할 때 엄청난 거리의 장벽을 뛰어넘는 유용한 방법을 제공할 것이다.

몇 가지 문제만 해결된다면 모든 일이 아주 재미있어진다. 무엇보다 가상의 우주인이 웜홀을 이용하면 본인에게는 이동시간이 아주 짧겠지만, 외부 관찰자에게는 수천 년이 걸릴 수 있다. 이런 현상은 일반상대성이론과 관련 있는 역설적인 효과로 발생한다. 중력장이 있으면 거리는 늘어나고, 시간은 느려진다. 그래서 이 가련한 우주인은 자신이 아는 세상과 작별을 고하고, 미래를 향한 여행에 운명을 맡겨야 한다. 더 큰 문제는 웜홀의 지속 기간이다. 대부분의 이론에 따르면 아주 짧다고 한다. 이처럼 웜홀은 안정적이지 못한 통로라서 활용하는 데 어려움이 있다. 그리고 최근 몇몇 과학자의 계산에 따르면 최초의 계산으로 알아낸 조건보다 덜 엄격한 상황에서 웜홀이 형성될 수 있고, 더 안정적일 수 있다는 가설이 나왔다. 하지만 이제까지 아무도 웜홀을 보지 못했다는 문제가 남는다.

현재 화이트홀과 웜홀은 그저 이론적인 추측에 지나지 않는다. 그러나 우주에 있는 많은 천체가 먼저 이론적으로 상상됐다가 나중에 관측된 것도 사실이다. 블랙홀이 그런 천체다. 이론적인 가능성이 예측된 뒤 100년의 세월이 흐른 뒤에야 직접 영상을 찍을 수 있게 됐다.

시공간의 잔물결인 중력파와 관련 있는 웜홀을 관측하는 방법도 있다. 웜홀이 블랙홀의 융합으로 만들어진다고 가정하면(이 현상에 대해서는 앞에서 살펴봤다), 중력파에 특정한 신호가 나타나리라. 아직 이 신호가 확인된 적은 없지만 어쩌겠는가. 사냥은 계속해야 한다.

마지막으로 한 가지 더 이야기하겠다. 우리는 이미 블랙홀 안에 들어가 있는지도 모른다. 빅뱅 이론에 관한 몇 가지 문제를 해결하기 위해 오래전부터 제시됐던 가설이다. 빅뱅은 우주의 시초에 특이점이 있다는 개념을 바탕으로 한다. 그렇다면 특이점이 팽창하기 시작한 이유는 무엇일까? 그 팽창은 왜, 어느 시점에 놀라울 정도로 가속됐으며, 인플레이션 이론이 예측한 것처럼 나중에는 원래의 상태로 회복되는 걸까? 인플레이션의 원인은 무엇일까? 이런 질문에 답할 수 있는 것은 우리 우주가 블랙홀 안에 들어가 있다는 가설이다. 그러나 정답은 알 수 없다. 지금 우리가 사는 곳이 블랙홀이라면 학자들이 상상한 것처럼 그렇게 나쁜 곳은 아닌 셈이다.

우리는 아직 블랙홀과 블랙홀의 위협에 관해 다 파악하지 못했다. 블랙홀이 우리에게 해를 끼칠 수 있는 방법이 한 가지 더 남았다.

9

마이크로 위협

2008년 갑자기 입자물리학이 일반 신문의 1면에 올랐다. 발견이 아니라 대중에게 확산되기 시작한 두려움 때문이었다. 한 물리학자 때문에 경각심이 확산된 탓도 있었다. 그해에 CERN에 설치된 대형강입자가속기LHC가 가동되기 시작했다. 앞서 잠깐 언급했던 이 시설은 지금까지 인간이 만든 것 가운데 가장 강력한 입자가속기다.

우리는 물질의 가장 비밀스러운 특성을 알아내기 위해 이 시설로 물질을 파괴한다. 정확히 말하면 입자들이 서로 충돌하게 만든 뒤 어떤 결과가 나오는지 살펴본다. 가속기의 역할은 이것뿐이다. 물질의 가장 기본적인 요소를 조각 내려면 빛의 속도에 가까운 어마어마한 속도로 입자를 가속시켜 나오는 굉장히 높은 에너지가 있어야 한다. LHC는 지름이 27킬로미터나 되는 거대한 도넛 형태로, 안에서 초대형 자석을 이용해 입자들을 가속시켜 점점 더 속도를 높인다. 여기까지는 이상할 게 전혀 없다. 그런데 누군가

LHC를 작동시켜 실험을 시작하면 지구를 파괴할 수 있으며, 심지어 우주 전체가 파괴될 가능성이 있다고 말했다.

이 같은 경고를 한 사람은 영국 뉴캐슬대학교의 이안 모스Ian Moss지만, LHC를 분석한 과학자들도 보고서에 썼던 내용이다. 입자가속기가 어떻게 세상의 종말을 초래할 수 있을까? 여기서도 다시 블랙홀이 문제가 된다.

8장에서 본 천체들과 함께 마이크로 블랙홀Micro black hole이라는 다른 형태의 블랙홀이 예측됐다. 마이크로 블랙홀도 아직 관측된 적이 없기 때문에 순전히 이론으로 예측한 결과라는 점을 전제해야 한다. 어쨌든 그 이름에서 알 수 있는 것처럼 질량이 작다. 달의 질량보다 작으니 말이다. 블랙홀이라고 해서 반드시 거대한 것은 아니다. 중요한 것은 밀도다. 그러니까 상대적으로 질량이 작더라도 좁은 공간에 집중돼 있으면 블랙홀이 될 수 있다. 이해를 돕기 위해 비유를 하자면 에베레스트산과 비슷한 질량(약 10억 톤)을 가진 블랙홀의 지름은 원자 입자 가운데 하나인 양성자의 지름과 같다.

이 이론에 따르면 마이크로 블랙홀은 빅뱅 직후 만들어졌을 것으로 생각된다. 현대 물리학의 입장에서 보면 두 가지 흥미로운 점이 있다. 첫째 우리가 만일 실험실에서 마이크로 블랙홀을 하나 만드는 데 성공한다면 그 특성에 관한 의문에 답할 수 있게 된다. 둘째 이러한 블랙홀이 있다면 현대 물리학의 가장 오랜 문제 가운데 데 하나인 암흑물질을 해결하는 데 기여할 수 있다. 이제 암흑물질이 무엇인지 알아보자.

사람들은 물리학이 우주에서 일어나는 모든 일을 어느 정도 설명했다고 생각하지만, 답을 찾지 못한 질문이 많다. 일례로 우주에 있는 물질의 약 95퍼센트의 특성과 구성에 대해 전혀 알아내지 못했으니 제대로 아는 게 없는 셈이다.

이 문제는 1933년 스위스 천문학자 프리츠 츠비키Fritz Zwicky가 은하단의 전체 질량을 계산하면서 불거졌다. 은하단은 말 그대로 중력으로 서로 연결돼 있는 은하들의 집단이다. 츠비키는 두 가지 방법으로 은하단 질량을 측정했다. 첫 번째 방법으로는 은하단을 이루는 천체들의 광도를 측정해 은하의 질량을 추정했다. 두 번째 방법으로는 은하단을 이루는 은하들이 이동하는 속도를 측정하고, 은하의 운동역학을 고려한 질량을 계산했다(은하들의 운동은 중력에 좌우되며, 중력은 질량의 영향을 받기 때문이다). 두 측정값은 오류를 제외하면 같은 결과가 나와야 했지만, 그렇지 못했다. 두 번째 방법으로 측정한 질량이 첫 번째 방법보다 400배나 컸다. 이 정도면 결코 작은 차이가 아니라서 원인을 찾아야 했다. 다른 측정에서도 같은 결과가 나왔고, 더 작은 천체를 대상으로 해도 같은 값을 얻었기 때문에 단순 실수가 아니라고 확신할 수 있었다. 빛을 발하는 물질만 측정해 은하 질량을 계산하면, 은하의 회전 속도를 산출했을 때보다 훨씬 낮은 값이 나왔다.

결국 일반적인 문제였고, 이 문제가 발생한 원인으로 두 가지가 제시됐다. 일반상대성이론에 오류가 있거나(일반상대성이론은 중력이 작용하는 방식을 설명하고 있다는 점을 기억하자), 우리가 보지 못하는 질량이 존재하기 때문이라는 것이다. 첫 번째 가능성에 대해서는 소수지만, 일부 지지하는 사람들이 있다. 하지만 일반상대성이론은 견고하며, 실험을 통해 확인된 예가 수없이 많다. 두 번째 가능성은 측정하는 천체의 질량이 은하나 은하단처럼 아주 클 때 오류가 나타나지 않도록 수정이 필요하다는 것이다.

알려지지 않은 물질의 특성에 관해 여러 가설이 나왔고, 그중에는 LHC로 연구하고 있지만 지금까지 성과가 없는, 물질을 구성하는 미지의 입자도 포함됐다. 다른 과학자들은 빛을 방출하지 않는(그러나 일반적인 물질로 구성된) 천체를 제시했으며, 마이크로 블랙홀도 포함돼 있었다.

이런 게 LHC나 세상의 종말과 무슨 관련이 있을까? CERN에서 수행한 실험이 재난이 진행되는 과정이라면, 지구는 물론 우주 전체를 삼켜버릴 수 있는 마이크로 블랙홀을 만들 수 있다는 것이다.

LHC는 2008년부터 가동 중이며, 우리는 여기서 그 이야기를 하고 있으니 당시의 소동이 과장됐다고 편하게 말할 수 있다. 그렇다! LHC는 그 모든 것을 파괴하는 블랙홀을 만들 수 없다. 흥미로운 것은 아마 먼 미래에 우리가 블랙홀을 만들 수 있게 될 거라는 이야기이다. 우리는 왜 피학증 환자인 양 스파게티처럼 길게 늘여져 죽으려고 하는 걸까? 그런 게 아니다! 우리가 마이크로 블랙홀을 만들 수 있게 된다면 우리에게 나쁜 일이 생기지 않을 확률이 높고, 오히려 우주에 관해 굉장히 많은 것을 배우게 될 수도 있다.

이제부터 LHC가 블랙홀을 만들지 못하는 이유를 살펴보자. 이번에도 문제는 에너지다. 블랙홀을 만드는 데 필요한 에너지가 아무리 낮더라도 우리가 지금 가지고 있는 장비의 효율로는 어림도 없다. 게다가 LHC에서는 지구 대기에 충돌하는 우주선 덕분에 훨씬 더 높은 에너지로 반응이 일어난다. 그래서 마이크로 블랙홀은 우리가 만들 수 있는 능력 밖에 있을 뿐 아니라 자발적으로 만들어지지 않는 것처럼 보일 수 있다. 하지만 주의해야 한다. 일부 조건에서는 마이크로 블랙홀의 탄생이 훨씬 더 간단해질 수 있으니까.

앞서 계속 알아본 것처럼 우주에 관해 아직 우리가 모르는 것이 너무 많다. 그중 한 가지는 앞에서 말했다. 일반상대성이론과 양자역학을 조화시키는 방법이다. 일반상대성이론은 우주가 어떻게 작용하는지 거시적으로 설명하는 반면, 양자역학은 소립자 수준에서 이야기한다는 점을 고려하면 두 가지 이론을 굳이 통합해야 할 필요가 없다고 생각할 수도 있다. 그러나 블랙홀에서는 두 가지 이론에서 다루는 영향력 가운데 어느 하나도 무시할 수 없다. 블랙홀 중심에는 특이점이 있기 때문에 작지만 질량은 대단히 크다.

지난 수십 년 동안 일반상대성이론과 양자역학 이론의 통합을 시도하는 다양한 이론이 제시됐다. 그중 가장 인기 있는 이론 가운데 하나는 끈 이론이다. 끈 이론은 다소 복잡한 개념을 끌어들였지만, 우리의 관심을 끄는 것은 끈 이론의 특징적인 두 가지 요소다. 첫 번째는 우리가 지금까지 본 물질을 이루는 일반 입자들은 끈이라고 부르는 물체로 대체되는 것이며, 두 번째는 끈 이론이 추가적인 차원을 예측한다는 점이다.

끈은 1차원 물체지만 길이가 더 긴 차원에서 생각하면, 우리가 아는 입자로 축소된다. 이것은 굉장히 중요하다. 새로운 이론이 나오면 그 이론은 어떤 식으로든 기존 이론의 결론을 특별한 경우로 흡수해야 한다. 상대성이론에서 그랬던 것처럼 말이다. 상대성이론은 뉴턴의 중력이론을 폐지하는 대신에, 특정한 조건에서는 유효한 특별한 경우로 포함시켰다. 과학은 새로운 실험적 증거를 축적하면서 발전한다. 사실을 통해 입증된 이전의 체계를 완전히 무효화하는 게 아니라, 수정을 거쳐 새로운 발견에 더 부합하도록 진화해왔다.

두 번째 문제는 추가적인 차원에 관한 것이다. 앞에서 우주가 4차원의 공간이며, 우리가 아는 공간 차원 말고도 시간이 추가된다고 말했다. 끈 이론은 수학적인 명분으로 다른 차원의 존재를 예측한다. 이 차원은 이론의 유형에 따라 10에서 20 사이까지 달라지며, 둥글게 말리기 때문에 일반적으로 눈에 보이지 않는다. 이처럼 다른 차원의 존재는 특정한 조건에서만 명확하게 나타난다. 그런데 끈 이론은 추가 차원을 예측하는 이론이 아니다. 일반적으로 현대 물리학에는 이런 방식으로 해결할 수 있는 문제가 다양하게 있으므로 추가적인 차원이 존재한다고 믿게 된다.

끈 이론이 맞다면 추가 차원은 마이크로 블랙홀을 만드는 데 필수적인 에너지를 감소시킬 수 있다. 우주 에너지의 일부가 다른 차원에서 표출돼, 더 이상 중력이 우주를 지배하는 네 가지 기본 힘 가운데 가장 약한 힘이 아니기 때문이다. 이것은 물리학의 경계 영역에 있는 복잡한 개념이라서 깊숙한 내용까지는 이해하지 못하는 것이 정상이다. 여기서 흥미로운 것은 블랙홀을 만들 수 있다는 점과 끈 이론을 증명할 수 있다는 점이다.

끈 이론의 가장 큰 문제이자 상대성이론과 양자역학을 통합하려고 시도하는 이론의 공통적인 문제는 실험으로 확인할 수 없다는 것이다. 이를 증명할 수 있는 물리 현상은 우리가 가진 장비의 능력 범위를 넘어서는 에너지 범위에서 일어난다. 그래서 이론상의 추측일 뿐이며, 어떤 것이 우주를 올바르게 설명하는지 알 수 없다. 마이크로 블랙홀의 탄성은 특별한 실험이 될 것이다. 안타깝게도 LHC에서는 그 어떤 것도 나오지 않았으며, 우주에서도 관측된 것이 아무것도 없다. 지금까지 우리가 그랬던 것처럼 이번에도 마이크로 블랙홀이 존재한다고 상상해보자. 결국 단순한 이론상의 추측에 불과했던 많은 현상이 그에 걸맞은 관측 결과로 확인됐다.

우리가 실험실에서 블랙홀을 만드는 데 성공한다면 어떤 일이 일어날까? 적어도 실험 모형에 따르면 재앙은 일어나지 않는다. 지구가 단숨에 삼켜지거나 우주가 붕괴되지도 않는다. 그 이유는 스티븐 호킹Stephen Hawking이 완성한 이론에서 찾을 수 있다. 몇 해 전 세상을 떠난, 탁월한 천체물리학자인 호킹은 만화영화 〈심슨 가족The Simpsons〉에서 팝아트 캐릭터가 되기도 하고, 미국 드라마 〈빅뱅이론The Big Bang Theory〉에도 등장했다.

그 이론을 이해하려면 우리가 양자역학에 관해 살펴본 것 말고도 또 다른 역설적인 내용을 추가해야 한다. 양자역학은 빈 공간(진공 상태의 우주)에서 입자-반입자 쌍이 지속적으로 생성되고, 빠르게 소멸한다고 예측했다. 하이젠베르크의 불확정성 원리의 결과다. 이처럼 진공 상태에서 일어나는 에너지의 지속적인 변화를 양자 요동이라고 한다.

이번에는 양자 요동이 사건의 지평선 근처에서 발생한다고 상상해보자. 이때 일어날 수 있는 현상은 두 입자 가운데 하나가 블랙홀에 빠지고, 나머지 하나는 자유롭게 존재하는 것이다. 에너지 보존법칙에 따라 추락하는 입자는 음의 에너지를 갖게 된다. 동시에 유명한 아인슈타인의 공식 $E=mc^2$에서 E는 에너지, m은 질량, c는 빛의 속도일 때 에너지가 손실되면 질량도 손실된다. 이 과정을 호킹 복사Hawking radiation라고 부른다. 이 과정에서 블랙홀은 증발돼 서서히 사라진다. 블랙홀이 굉장히 거대하다면 증발은 아주 긴 시간에 걸쳐 진행된다. 지금 우리가 다루고 있는 블랙홀은 굉장히 작기 때문에 증발 속도가 빠르고, 특별한 영향도 나타나지 않는다. 우리가 실험실에서 블랙홀을 만들 수 있다고 해도 오래 지속하지는 못한다. 하지만 블랙홀이 더 크다고 가정하면 상황이 달라진다. 블랙홀의 질량이 1유로짜리 동전 정도라고 생각해보자. 그러면 블랙홀이 증발해 수많은 원자폭탄의 에너지와 비슷한 수준의 거대한 에너지가 생성된다. 하지만 이 관점에서 생각해봐도 우리는 안전하다. 지금 당장은 우리가 그 정도로 위험한 블랙홀을 만들 방법은 없다. 그러니까 우리는 괜찮다. 그렇지 않을까?

호킹 복사는 견고한 이론이기는 하나 실험으로 확인된 적은 없다. 그런 블랙홀이 관측된 적도 없고, 당연히 블랙홀이 증발하는 것을 본 사람도 없다. 하지만 이 이론이 실질적이라고 믿게 만드는 실험이 몇 번 진행됐다.

진짜 블랙홀을 인위적으로 만들 수 없다는 것은 앞에서 확인했다. 과학자들이 만든 것은 블랙홀과 같은 작용을 하는 것이지, 진짜 블랙홀은 아니었다. 과학자들은 양자역학의 법칙을 따르는 특정한 유동체를 이용한 모형을 썼다. 이 유동체 안에는 음파가 있는데, 음파가 블랙홀 근처에 있는 빛과 같은 작용을 한다. 이 음파는 유동체 속으로 빨려들어 가 다시 빠져나오지 못한다. 바로 이 모형을 통해 유동체와 같은 물체에 호킹 복사가 존재하는 것이 확인됐다. 물론 이 모형은 진짜 블랙홀이 아니고, 유동체는 특정 유형의 블랙홀의 표본으로 선택했다. 결국 이론적인 관점에서는 가능하지만, 실제로 존재하지 않을 수 있다. 어쨌든 이 모형이 시작점이 됐다.

별 탈 없는데도 우리는 호킹 복사가 일어나지 않으며, 블랙홀이 증발되지 않는다는 생각으로 불안해한다. 이론적인 가능성일 뿐이라고 단정하기 때문이다. 그렇다면 블랙홀이 증발할 때 어떤 일이 일어날까? 걱정할 필요 없다. 과학자들은 질량이 10억 톤보다 가벼운 블랙홀을 계산했다. 그들은 이 블랙홀이 주위에 전자가 있는 원자핵과 비슷하게 물질을 궤도 안에 묶어둘 수 있다는 사실을 알았다. 그래서 이 블랙홀을 원자의 중력 등가물이라는 뜻에서 게아GEA라고 불렀다. 이런 천체는 물질과 상호작용을 통해 방출을 일으키며, 우리가 쓰는 장비로 방출 현상을 확인할 수 있다. 또 이 천체의 질량이 100만 톤보다 가볍다면 양자역학 때문에 지구를 삼켜버릴 수 없다. 다시 말하지만 두려워할 이유가 없다. 이 연구에서는 그런 천체가 재난을 일으키지 않은 상태로 매일 지구를 통과할 수 있다는 사실을 확인했다. 단 LHC로는 아주 작은 블랙홀도 만들 수 없었다.

마지막으로 마이크로 블랙홀이 지구를 빨아들이는 최악의 상황을 가정해보자. 질량이 1만 톤인 천체가 지구를 다 먹어 치우려면 우주의 나이보다 훨씬 더 긴 시간이 필요하다. 우주의 나이는 지금 137억 년 정도다. 마이크로 블랙홀이 지구를 삼키려면 그보다 700배나 긴 시간이 걸린다.

여러분은 이제 마이크로 블랙홀이 전혀 위험하지 않다는 것을 알았다. 그러니 지구를 위협하는 후보 목록에서 제외해도 되겠다. 하지만 지구에 닥칠 위협이 전부 사라진 것은 아니다. 아직 지구를 향한 활시위에 화살이 걸려 있다. 우리는 그 화살을 하나하나 따져봐야 한다.

10

우리는 타인이기도
아니기도 하다

드디어 우주에서 오는 가장 확실하고, 고전적인 위협에 관해 이야기할 때가 됐다. 외계인이다.

우주에 우리만 사는 게 아닐 거라는 생각은 오래전부터 우리에게 위안이 됐다. 2세기부터 많은 그리스 자연철학자가 지구 저 밖에 우리와 비슷한 세상이 있으며, 비슷한 생물이 살지도 모른다고 생각했다. 루키아노스(루치아노 디 사모사타Luciano di Samosata, 125년~180년 이후 로마시대 그리스 문학의 대표적 단편 작가—옮긴이)는 그의 책 《진실한 이야기Storia vera》에서 약간 풍자적으로 달에 사는 사람들을 상상했다.

지구의 달과 화성은 외계 생명체에 관한 한 늘 사람들 입에 오르내렸다. 가장 큰 이유는 가까운 거리에 있어서 궁금증을 해결할 수 있기 때문이다. 달과 화성은 오래전부터 표면을 볼 수 있는 천체였다. 그래서 두 천체에 대해서는 두려움을 떨쳐낼 수 있었다. 지적 생명체가 없는 게 확실하기 때문이다. 인류는 달과 화성을 탐사했지만, 황량한 풍경과 끝없는 사막 말고는 아무것도 발견하지 못했다. 액체 상태의 물이 있는 화성의 지하에 지금 생명이 살고 있거나 과거에 살았을 가능성에 관해 아직 답을 얻지 못한 것은 사실이다. 어쨌든 박테리아나 단순한 생명체의 형태일 거라고 추측하고 있다. 그 생명체는 물론 위험할 가능성이 있지만, 오슨 웰스Orson Wells 감독이 제작한 〈우주 전쟁War of Worlds〉(1938년 미국 CBS 라디오 방송으로 송출된 라디오 드라마—옮긴이)에 나오는 발이 세 개 달린 외계인 트리포드Tripode는 아니다. 그럼 하나하나 알아보자.

외계인이 주는 위협은 미국 드라마 시리즈 〈스타트렉〉에 잘 나온다. 〈스타트렉〉처럼 우리는 기술적으로 앞선 문명이 평화를 위해 지구를 방문한다고 생각하지 않았다. 또 〈인디펜던스 데이Independence Day〉나 외계인이 침공하는 광경을 그린 다른 영화처럼 지구를 식민지로 만드는 것이 목적이라는 상상을 해왔다.

우리가 외계인에게 두려움을 갖는 데에는 나름 이유가 있다. 지구는 오래전부터 기술 문명이 지배했고, 그런 문명은 열등한 종족의 영토를 식민지화하기 위해 침략했다. 사실 외계 문명에 대한 두려움은 몇몇 과학자에서 시작됐다. 스티븐 호킹은 외계인이 보낼지도 모르는 신호에 응답하지 않는 편이 나을 뿐 아니라 우주에 무선 신호를 보내지 말아야 한다고 생각했다. 예컨대 그는 미국령 푸에르토리코 북쪽 연안 항구도시에 있는, 아레시보Arecibo 전파

망원경이 1974년 우주로 보낸 것 같은 메시지를 보내지 말아야 했다고 말했다. 아레시보 전파망원경은 지름 300미터의 거대 안테나로, 2020년 일부 구조물이 내려앉아 가동을 중단하고 시설을 폐쇄했다. 이 망원경이 보낸 신호는 73행, 23열의 직사각형으로 배열된 1,679개의 이진수로 구성돼 있다. 1부터 10까지의 숫자를 이진수로 나타낸 코드로, 인간의 DNA에 대한 화학 정보와 태양계, 전파망원경을 뜻하는 내용을 담았다. 이 신호는 지적 생명체가 보냈다는 것을 알 수 있게 만들었다. 누군가 지구와 인간에 관해 파악할 수 있는 신호였다. 호킹은 앞으로 어떤 일이 일어날지 모르는 상황에서 가능하다면 우리를 노출하지 말아야 한다고 생각했다.

인간처럼 불안한 존재에게는 호킹의 말이 일리가 있다. 그 주장은 설득력 있는 가정(외계인의 공격성)을 바탕으로 한다. 하지만 그런 가능성이 전부는 아니다. 외계인은 우호적일 수도 있다. 우리가 아레시보 천문대에서 우주를 향해 메시지를 보냈을 때도 그랬고, 지금도 지능이 있는 생명체의 흔적을 찾는 것은 뭔가를 정복하려는 목적 때문이 아니다. 우주에 우리만 있는 것인지, 아닌지를 알고 싶은 것뿐이다. 엄밀하게 따지면 우리는 평화를 사랑하는 종족이 아닐 뿐더러, 지구와 다른 곳에서 진화한 다른 형태의 지적 생명이 우리와 똑같을 거라고 단정할 명분도 없다.

진실이 무엇이든 먼저 알아야 할 것은 저 밖에 지적 생명체가 존재할 가능성이 얼마나 되는가이다. 이 가능성을 가늠하는 수식이 드레이크 방정식이다. 1961년 공식을 제안한 미국 천문학자 프랭크 드레이크Frank Drake의 이름을 땄다. 드레이크 방정식은 우리은하에 통신 능력이 있는 지적 생명체가 얼마나 있는지 추정하기 위해 만들었다. 드레이크 방정식은 다음과 같다.

$$N=R^{*}f_{p}\ n_{e}\ f_{l}\ f_{i}\ f_{c}\ L$$

이 방정식은 생각보다 간단하다. 계산하는 데 필요한 몇 가지 변수를 곱하기만 하면 된다. R^{*}은 매년 우리은하에서 태양과 비슷한 별이 태어나는 비율, f_p는 그 별이 행성을 거느릴 수 있는 비율, n_e는 그 가운데 지구와 비슷한 행성의 평균 개수, f_l은 그런 행성 가운데 생명체가 출현할 확률, f_i는 그 가운데 지적 생명체가 나타날 확률, f_c는 그런 행성에서 기술문명과 통신 능력이 발달할 확률, 마지막으로 L은 문명의 지속 기간이다.

이 숫자 가운데 비교적 정확하게 추정할 수 있는 것만 가지고 이야기를 시작해보자. 방정식에서 앞의 세 숫자는 다른 것보다 우리가 비교적 잘 알고 있다. 예를 들어 대부분의 별은 그 주위를 도는 행성이 적어도 하나는 있다는 것을 알고 있다. 지금까지 우리가 찾은, 행성이 있는 별의 수는 거의 5,000개이며(2024년 10월 말 현재 외계행성 후보 개수는 5,780개다—옮긴이), 그중 약 60개는 생명 거주 가능 지역에 있다. 이 지역에서 행성의 크기와 궤도는 모항성에 따라 달라지며, 어떤 행성 표면에는 액체 상태의 물이 있을 수 있다. 이게 우리가 아는 지구 생명과 비슷한 외계 생명체를 찾으려는 명확한 이유다. 생명이 발달하려면 액체 상태의 물이 필요할 테니 말이다. 그러나 생명 거주 가능 지역에 물이 있더라도 꼭 생명이 태어나는 것은 아니다. 태양계에서 생명 거주 가능 지역에 있는 행성은 지구와 화성, 금성, 이렇게 세 곳이나 있다. 그중 유일하게 지구에만 생명이 살고 있다는 것만 봐도 알 수 있다.

이 방정식의 나머지 부분은 아직 미스터리다. 지금까지 우리가 지구 밖에서 발견한 생명체는 없다. 그래서 외계 생명체에 지능이 있을 가능성은 추측할 수 없으므로, 그 행성에서 생명의 발달이 얼마나 흔하게 일어나는지도 알 수 없다. 방정식에서 마지막 두 숫자는 흥미를 끈다. 우리가 아는 유일한 지적 생명체인 인간이 우주에 신호를 발신하고, 스스로 그 존재를 알릴 수 있게 된 것도 고작 100년이 조금 지났을 뿐이다. 하지만 L은 다르다. 이 책 초반에서 다이아몬드는 영원하다고 했지만, 생명은 그럴 가능성이 낮다. 지구 역사에서 다섯 차례의 대량 멸종 말고도 그보다 작은 규모의 멸종이 수차례 일어났다. 지구에서 공룡은 약 1억 3,000만 년 동안 서식하다가 멸종했다. 1장에서 본 것처럼 말이다. 최초의 인류는 약 400만 년 전에 출현했고, 최초의 사피엔스가 남긴 유적은 약 30만 년 전으로 거슬러 올라간다. 지구의 나이가 약 45억 년이라는 것을 생각하면, 인간 역사는 정말 눈 깜빡할 사이의 시간밖에

안 된다. 우주에 신호를 보내고 받을 수 있는 종으로서 인간이 존재할 수 있는 기간은 알 수 없다. 물론 인류가 자멸할 가능성은 많다. 소행성 충돌이 그 예다. 방대한 우리은하에서 지적 생명체가 보낸 신호를 수신할 가능성은 굉장히 낮다. 사막에서 바늘을 찾는 것보다 더 어려울지도 모른다. 그렇다고 우리가 시도조차 하지 않는다는 것은 아니다.

1977년 8월, 미국 천문학자 제리 에만Jerry Ehman은 세티Search for Extra-Terrestrial Intelligence, SETI(외계 지적 생명체 탐사, 가장 유명한 지적 생명체 연구) 프로젝트에 쓰는 전파망원경 가운데 하나로 천체를 관측하던 도중, 외계에서 왔다고 추정되는 특별한 신호를 포착했다. 그는 너무 놀란 나머지 원본 자료에 붉은 펜으로 '와우!'라고 표시했다. 이때부터 와우! 신호Wow! signal라고 불렸고, 세티의 성과 가운데 제일 유명해졌다.

이 신호는 궁수자리에서 날아와 72초간 지속됐으며, 신호를 잡은 전파망원경을 이루는 두 안테나 중 하나에서만 잡혔다. 이후 신호를 다시 찾으려고 했지만, 다시 반복되지는 않았다. 단 한 번 검출됐고 지속 기간이 짧았으며, 한방향에서 온 신호라는 것이 전부였다. 아레시보에서는 앞서 말한 신호를 보냈을 뿐 의미 있는 신호가 잡히지는 않았다. 물론 다른 방법으로 해석한 의견이 제시되기는 했지만, 특별히 설득력 있는 것은 없었다. 현재로서는 와우!가 어떤 내용인지 알 수 없으며, 다시 잡힌 적도 없다. 어쩌면 다시 날아오지 않을 수도 있다. 그렇다고 이게 끝은 아니다.

앞서 베텔게우스에 대해 살펴보고, 이 별이 2020년에 보인 이상한 변화에 대해 이야기했다. 그 변화가 무엇인지 미처 파악하기도 전에 누군가 베텔게우스의 밝기가 급격하게 떨어지는 현상이 다이슨의 구Dyson sphere 때문이라는 가설을 내놓았다. 다이슨의 구는 1960년 《사이언스Science》에 논문을 발표한 영국 물리학자 프리먼 다이슨Freeman Dyson의 이름을 땄다. 다이슨은 기술적으로 진보한 어떤 외계 문명이 가능한 많은 에너지를 끌어모으는 동시에 거대한 거주지를 마련하기 위해 그들의 행성이 속한 별 주위에 메가급 구조물을 건설한다는 상상을 했다. 그 구체의 지름은 행성 궤도 정도로 분리된 작은 구조물들로 이뤄진, 구 형태의 거대 시설일 수도 있다. 다이슨은 외계 지적 생명의 형태를 찾기 위해 이 가설을 세웠다. 다이슨의 구가 실제로 있다면 이 구에서 방출되는 적외선을 통해 관측할 수 있을 테니 말이다. 이때 별빛은 다이슨의 구로 다 차단되며, 적외선은(앞서 말했지만 우리는 적외선을 열기로 느낀다) 우주로 빠져나갔을 것이다. 다이슨은 가시광선으로는 보이지 않는 이 거대한 적외선 방출원을 찾으려고 했던 것이다.

이 가설은 과학소설에 가까우며, 다이슨의 구는 지금까지 발견된 적이 없다. 더욱이 베텔게우스에서 일어나는 변화를 여기에 빗대 해석하는 것은 무모하다. 베텔게우스의 밝기 변화는 자연스럽게 설명할 수 있기 때문에 굳이 외계인까지 끌어들일 필요가 없다. 하지만 이처럼 이론을 기초로 추론을 펼치는 것은 늘 의미가 있다. 정말 우리가 지적 생명을 찾으려고 한다면 어떻게 찾을 것인가 스스로에게 질문해야 한다.

마지막으로 태양계 밖에서 온 소행성 오우무아무아에 관해 이야기하겠다. 오우무아무아는 2장에서도 다뤘다. 이 천체는 지난 2017년 태양계에 들어와 태양계 밖을 향해 날아가던 중에 발견했다. 아비 롭Avi Loeb은 모험적이고 도발적인 이론을 즐기는 천체물리학자다. 그는 아직도 오우무아무아가 외계에서 온 인공 물체라고 믿고 있다. 그와 동료 과학자들은 지구에서 가장 가까운 별인 프록시마 켄타우리를 탐사하기 위해 태양광 돛단배를 보내려고 계획하고 있다. 브레이크스루 스타샷Breakthrough Starshot이라는 프로젝트다. 롭은 오우무아무아가 그 돛단배와 비슷한 우주선일 거라고 확신하고 있다. 그가 이런 결론에 이르게 된 이유는 세 가지다. 첫째 오우무아무아는 길쭉한 시가와 비슷하게 생긴, 보통 소행성과 다른 독특한 모양인 것으로 알려졌다. 둘째 밝은 금속만큼 높은 반사율을 보였다. 마지막으로 오우무아무아는 태양계를 떠나면서 가속됐다는 게 확인됐다. 문제는 이 관측 결과를 설명하는 자연스러운 해석이 수도 없이 많다는 사실이다.

이번에 오우무아무아가 발견된 것은 어쩌면 인간이 외계 문명과 접촉한 첫 사건이 아닐 가능성이 높다. 하지만 외계에서 만든, 우리가 알지 못하는 형태의 인공 물체를 찾을 만한 가치가 있다는 교훈을 줬다. 우리가 그런 외계 산물을 발견하는 수준에 도달했다면 오우무아무아를 직접 탐사하는 임무를 기획했을지도 모른다. 그랬다면 이 외계 소행성에 관한 의혹을 풀 수 있었으리라.

우리는 하늘에서 수없이 목격됐지만, 그 정체를 확인하지 못한 비행 물체인 UFOUnidentified Flying Object에 관해 알고 있다. UFO는 언젠가부터 비행접시와 같은 뜻으로 해석됐으며(그 숱한 목격담 가운데 단 한 번도 외계 방문자와 연결된 적이 없는데도 말이다), 지금은 미확인 대기 현상이라는 더 포괄적인 개념을 담은 UAPUnidentified Aerial Phenomena로 불리기도 한다. 중요한 사실은 몇 년 전부터 이 주제에 관해 과학자들이 더 진지하게 생각하게 됐다는 것이다.

그들이 UFO에 관심을 갖기 시작한 것은 기술의 발달과 더불어 항공 교통량이 늘어났기 때문이다. 항공기 조종사와 승객들의 목격담이 늘어난 데다 영상 품질이 이전과 비교할 수 없을 만큼 향상됐다. 그래서 미확인 물체가 무엇인지 확인할 수 있는 신뢰성 있는 자료를 확보하게 됐다.

일반 시민들의 목격 말고도 고품질 UAP 영상을 확보하기 위한 본격적인 프로젝트가 시작됐다. 이 프로젝트의 중심에는 아비 롭이 있다. 그렇게 갈릴레오 프로젝트가 시작됐다. 미확인 대기 현상을 조사하기 위해 하버드대학교 천문대 망원경도 투입됐다. 이 장비는 양질의 UAP 자료를 얻기 위해 적외선과 가시광선, 전파 장비를 이용해 지속적으로 하늘을 관측하면서 주변에서 들리는 소리까지 녹음한다. 이게 전부는 아니다. 갈릴레오와 같은 목표로 플로리다의 비영리단체에서 시작한 UAPX라는 프로젝트도 있다.

아직은 이런 장비를 동원해 찍은 UAP 가운데 외계 문명과 접촉한 증거로 내놓을 만한 게 하나라도 있다고 자신하는 사람은 없다. 실제로 그런 일이 일어날 가능성은 낮다. 하지만 UAP를 직접 목격했다는 증언이 늘고 있으며, 신뢰가 가는 것도 더러 있다. 이런 현상을 실제로 파악해보려는 연구를 진행하는 이유다. 어떤 사람은 새로운 물리 이론과 관련된 현상일지도 모른다고 말한다. 그러나 과감한 생각은 탄탄한 증거가 있어야만 떠들썩한 발견으로 이어질 수 있다.

어쨌든 불가사의한 외계 지적 생명이 있다고 치자. 그런 지적 존재를 만나거나 그들과 소통한다는 상상을 할 때 우리가 극복해야 할 또 다른 문제가 있다. 우주는 끝이 없다는 점이다.

지구와 가장 가까운 별(이 별의 거주 가능 지역에 행성도 하나 있다)은 프록시마 켄타우리로 4.3광년 떨어져 있다. 질량이 있는 물체는 도달할 수 없지만 물리법칙이 허락하는 최대 속도, 어쨌든 빛의 속도로 온다고 해도 그 외계인이 지구까지 오려면 4.3년은 걸린다. 우리는 가까운 별에 탐사선을 보내는 계획을 하고 있다. 아직은 이론에 불과하지만, 브레이크스루 스타샷이 그중 하나다. 과학자들의 계산에 따르면 현실적으로 탐사선이 도착하는 데 20~30년은 족히 걸린다.

어떤 외계 문명이라도 지구에 오려면 이처럼 오랜 시간이 걸릴 수밖에 없다. 이런 문제는 동면이나 세대선박Generation ship으로 해결할 수 있을지도 모른다. 외계 생명이 동면에 들어가면 지나치게 많은 자원을 소모하지 않고 긴 여행을 할 수 있다. 이 방법은 실제로 지상에서 연구를 진행하고 있다.

세대선박은 그 안에서 자급자족할 수 있는 거대한 우주선이다. 지구와 접촉하지 않고도 여러 세기나 수천 년 동안 살아 있는 생명을 대규모로 수용할 수 있다. 이 우주선에서는 한 세대에서 다음 세대로 이어지면서 진정한 자치 공동체가 이뤄진다. 인간은 아직 그런 종과는 거리가 멀지만, 외계 문명체라면 우리보다 기술이 더 앞서 있고 수명도 훨씬 길어서 수 세기에서 수천 년 동안 여행하더라도 문제가 되지 않을 수 있다. 심지어 외계인은 죽지 않는다는 상상도 가능할지 모르겠다. 잠재적으로 지구에서 불멸의 종으로 알려진 투리토프시스 누트리쿨라*Turritopsis nutricula*라는 해파리가 있다. 이 종은 번식이 끝나면 노화 과정을 거슬러 올라가 미성체 단계에서 처음부터 일생을 다시 시작한다. 예외적인 경우지만, 다른 예가 더 있을지도 모른다. 외계 지적 생명이 존재할 뿐 아니라 기술적으로 앞서 우주를 자유롭게 여행할 수 있을 거라는 가설 말고도 불멸을 포함해 많은 가능성을 고려하고 있다. 그러나 불멸의 종이 실제로 있을 확률은 낮아 보인다.

우리가 외계인들과 소통만 하려고 한다고 상상해보자. 그렇다고 상황이 나아질 것은 없다. 이탈리아 소설가 이탈로 칼비노 Italo Calvino는 1963년부터 1964년까지 과학을 주제로 한 단편 모음집 《우주만화 Le cosmicomiche》를 썼다. 우주만큼 나이가 많은 주인공 크프우프크가 여러 세기에 걸쳐 경험한 모험이 주 내용이다. 그의 이야기 가운데 '광년' 부분에서는 크프우프크와 2억 광년이나 떨어진 외계인들이 나누는 대화가 나온다. 그들이 크프우프크에게 일어나는 뭔가 당황스러운 사건의 기미를 눈치챈다는 내용이 있다. 흥미로운 내용과 함께 외계 문명과 대화를 시도하는 문제를 비교적 상세하게 묘사하고 있다.

전자기파는 진공 상태에서 빛의 속도인 초당 30만 킬로미터로 움직인다. 외계 문명이 지구에서 1,000광년 떨어져 있다면, 외계인이 보낸 메시지는 출발한 순간부터 1,000년 후에나 도착한다는 뜻이다. 우리의 답을 전달하려면 1,000년을 더 기다려야 할 텐데, 1,000년이면 지구에서 수없이 많은 사건이 벌어지리라. 1,000년 전인 1023년 지구는 중세시대였다는 점을 기억하자. 외계 문명이 우리의 응답을 받기까지 2,000년 동안 생존해 있을 뿐 아니라, 그 신호를 받고 이해할 수 있는 상황이 펼쳐질지 우리는 확신할 수 없다. 다시 말해 의사소통만 하는 것도 굉장히 힘든 도전임에 틀림없다.

만일 외계인이 악한 존재라면 오히려 마음이 편할 수 있다. 그리고 문명이 아닌 다양한 외계 생명을 찾는 것으로 관심을 돌린다면 상황이 달라진다.

우리는 이 책에서 화성에 지금도 생명이 살 수 있거나, 어쩌면 과거에 그랬을지도 모른다는 것을 짚고 넘어갔다. 2020년 9월에는 금성 대기에 포스핀phosphine이 있다고 발표됐다. 포스핀은 지구에서 생명과 관련 있는 물질이다. 금성은 대기가 두껍고 산성인 데다 기온이 굉장히 높아, 말 그대로 생명에 적대적인 곳이다. 그러나 금성의 상층대기에는 기온이 덜 높은 지역이 있으며, 순전히 이론적으로만 생각하면 그곳에는 극한생명체(극한 조건에서도 생존 가능한 생명체)가 살 수 있다. 안타깝게도 이후 추가 관측을 통해 포스핀과 생명에 관한 이론적인 예측이 실제 발견으로 확인되지는 못했다. 그러나 지금도 외계 생명을 찾으려는 노력이 부단히 이뤄지고 있다는 것만은 확인한 셈이다.

태양계에는 생명을 품을 수 있는 곳이 더 있다. 표면이 온통 얼음으로 뒤덮인 목성의 위성 유로파Europa가 그 예다. 얼음은 시간이 지나면서 변화하며 긴 틈이 생기기도 한다. 그 얼음층 밑에 액체 상태의 물이 있다고 믿게 된 이유다. 토성의 위성 타이탄Titan의 대기는 원시 지구와 놀라우리만치 비슷하다고 알려졌다. 게다가 타이탄은 외계 생명체, 즉 생화학적으로 지구와 전혀 다른 생명의 형태도 수용할 수 있을 것으로 보인다.

여러분이 잘 아는 것처럼 지구 생명은 포도당을 생산하며, 그 폐기물로 이산화탄소를 얻기 위해 산소를 쓴다. 여기에 촉매로 물이 들어간다. 그런데 타이탄에는 탄화수소(타이탄에 탄화수소 호수를 비롯해 탄화수소 비도 내린다는 가설이 있다)가 풍부해서 어쩌면 이를 촉매로 쓰는 생명체가 있을지도 모른다. 이 생명체는 수소를 연료로 써서 아세틸을 생산하고, 폐기물로 메탄을 만들어낸다는 가설이 그것이다.

그런 종류의 생명체를 본 사람은 아무도 없다. 하지만 이런 화학반응은 당연히 물리학과 화학법칙을 따르며, 이론적으로 일어날 수 있다. 그런 생명체가 실제로 있다면 우리는 행성 표면 근처에서 수소 분자가 줄어드는 것을 볼 수 있을지도 모른다. 과학자들은 실제로 수소 분자가 고갈돼 있다는 사실을 타이탄 대기에서 확인했다. 천체에 있는 생명이 바로 코앞에 있지 않더라도 이처럼 자연현상으로 간단하게 설명할 수 있다. 거듭 말하지만 우리는 확실한 증거를 찾지 못했다.

생명에 관한 이런 가정은 가장 단순한 것, 즉 박테리아나 단세포 유기체 같은 것을 대상으로 한다는 점을 분명히 해둔다. 그렇다면 외계 생명이 지구를 침략할 수 없을까?

허버트 조지 웰스Herbert George Wells는 소설 《우주 전쟁The War of the Worlds》에서 화성인이 지구를 침략하다가 실패로 끝난 이유를 박테리아에서 찾았다. 우리에게는 익숙하지만, 화성인에게는 치명적인 존재라서 이를 처음 접한 그들이 멸종됐다고 끝을 맺었다. 한낱 과학소설로 치부하기 쉽지만, 이 결말은 과학에 확고한 뿌리를 둔다. 최근 우리는 팬데믹을 경험하면서 전혀 모르던 바이러스나 박테리아가 처음 접촉한 생물에 파괴적인 영향을 끼칠 수 있다는 사실을 비싼 값을 치르고 배웠다. 마찬가지로 다른 행성에 간다면 우리도 그런 경험을 하게 될지 모른다.

우리가 보내는 화성 탐사선과 태양계 탐사선은 지구 박테리아가 다른 어디엔가 있을지도 모르는 생명을 방해하는 일을 피하기 위해 철저히 살균하고 있다. 그런 고도의 살균 처리가 결코 간단한 일은 아니다. 여러분도 생명체가 얼마나 강한지, 얼마나 극한의 조건에서 살아남는지 잘 알고 있다. 2017년 카시니Cassini 탐사선은 토성과 그 고리, 위성들을 포함하는 토성 시스템을 탐사했다. 과학자들이 카시니를 토성에 충돌시킨 이유는 생명체가 살 수 있는 천체에 간섭을 일으킬 가능성을 아예 차단하기 위해서였다. 사실 충돌이라는 표현은 적절치 않다. 토성은 거대한 기체행성이어서 그 표면은 수만 킬로미터가 넘는 가스층 아래에 있다. 실제로 카시니 탐사선은 토성의 대기를 통과하면서 엄청난 압력으로 분해됐다.

우리의 존재만으로 다른 행성에 사는 생명을 파괴할 수 있다면, 정반대의 상황도 가능하다. 지구에 온 외계 박테리아가 끔찍한 혼란을 일으킬 수 있기 때문이다. 이 가설이 전혀 터무니없는 것은 아니다. 그나마 다행인 것은 우리가 그런 사실을 이미 잘 알고 있으며, 우리를 완전히 멸종시키지 못하도록 최대한 철저하게 예방할 수 있다는 점이다. 현재까지는 모든 경우에 대비해 달에서 수집한 물질은 예방조치를 취한 다음 지구로 가져왔다. 어쨌든 달은 완벽한 무균 상태이기 때문에 어떤 위험도 없는 것으로 보인다. 과거에 화성에서 튀어나온 암석 조각이 운석 형태로 지구에 떨어진 적이 있다. 당시 그 조각들은 지구 대기를 통과해 들어왔으며, 그 과정에서 대기와 마찰을 겪으면서 엄청나게 높은 온도로 가열됐다. 따라서 생명체가 살아남을 가능성은 전혀 없었다. 하지만 운석에 다른 형태의 생명이 존재할 가능성마저 배제할 수는 없다. 바로 지금 퍼서비어런스 로버는 화성 표면에서 탐사를 펼치면서 소형 드릴로 지표 아래에 있는 시료를 수집하고 있다. 이 시료는 화성 표면에 보관돼 있으며, 다음 임무를 통해 지구로 귀환한다.

다시 말하지만 우리가 걱정할 일은 없다. 우리는 그런 물질을 지구로 안전하게 가져오는 방법을 알고 있기 때문이다. 우리가 그 안에서 박테리아를 찾게 된다면 정말 엄청난 사건이 될 것임에 틀림없다. 처음 눈으로 보는 외계 생명인 동시에 어떻게, 얼마나 번식하는지, 우주에서 얼마나 희귀한지 알게 될 것이기 때문이다. 지금까지 우리가 아는 생명에 관한 지식을 통째로 바꾸어놓을 수밖에 없다.

마지막으로 이 주제에 관해 한 가지만 더 이야기하려고 한다. 학계에서 대단한 지지를 받는 것은 아니지만, 지구로 생명체가 날아와 지구가 오염됐다고 주장하는 과학자가 있었다. 포자범재설Panspermia이라는 가설을 제시하며 우주에 사는 생명이 혜성 같은 천체에 묻은 채 지구로 들어올 수 있었고, 거기에 물도 포함돼 있을 수 있다고 말했다. 혜성이 행성과 충돌하면서 씨앗을 뿌린다는 것이다. 그렇다면 그 생명이 우주 공간을 이동하고 대기를 통과하면서 마지막으로 충돌할 때 어떻게 살아남는지 설명해야 한다. 포자범재설이 생물학에서 해결되지 않은 문제(생명이 어떻게 지구에 출현했는지에 관한 문제)에 답하려면, 당연히 궁극적인 질문과 만날 수밖에 없다. 우주에서 생명은 어떻게 탄생했을까? 아직 그 답은 찾지 못했다. 포자범재설은 흥미로운 이론임에 틀림없다. 덤으로 우리가 두려워하는 충돌 사건이 생명에 긍정적인 영향을 끼쳤을 수도 있다는 사실을 알려줬다.

어쨌든 우리가 우리은하 밖으로 나간다는 생각을 할 수 있게 된 것은 외계인 덕분이다. 하지만 은하 안에 있는 외계 문명과 접촉하는 것은 불가능에 가깝다. 다른 은하에 속한 존재는 엄청난 거리 때문에 접촉할 가능성이 훨씬 낮기 때문이다. 우리은하와 가장 가까운 안드로메다은하도 250만 광년이나 떨어져 있다. 단 그 부근에 사는 외계인이 우리에게 해를 끼칠 가능성이 없다고 해서, 우주와 다른 은하에 대해서도 마찬가지라고 말하기는 어렵다.

이제 항구에서 부표를 떼려고 한다. 두렵지만 우리은하라는 요람을 떠나 새로운 위험을 감수하면서 더 먼 곳으로 떠날 때가 왔다.

11

우주의 춤

우주는 당구장과 비슷하다. 모든 게 끊임없이 움직여 천체의 상대적인 위치가 달라지고, 때로는 충돌하기도 한다. 우리는 소행성과 혜성은 물론이고 블랙홀에서도 그런 일이 벌어진다는 것을 알았다. 그보다 훨씬 큰 천체들도 비슷한 일을 겪는다. 천문학자들은 그런 일이 일어나는 것을 계속 지켜보고 있다.

우리는 우리은하, 즉 은하수에 대해서만 생각했다. 은하는 어느 정도 규모가 있는 별의 집합으로, 은하를 이루는 별은 수억 개에서 수천억 개까지 다양하다. 일부 과학자는 우리은하의 별 개수를 4,000억 개로 추정한다. 우주에 은하가 얼마나 많은지는 알 수 없지만, 우리가 관측하는 범위 안에는 적어도 1,000억 개가 있다.

은하에는 다양한 종류가 있으며, 형태와 크기에 따라 구분한다. 자세히 보지 않더라도 제일 큰 은하들은 나선이나 타원 형태를 띠며, 제일 작은 은하들은 형태가 불규칙하거나 구 형태인 것을 알 수 있다. 우리은하는 별과 가스로 된 막대가 핵을 관통하고 있는 막대 나선은하로, 막대가 둘인 경우도 있다. 이 막대에서 나선팔이 나와 있다. 은하는 그룹을 지어서 모이는 성향이 있으며, 규모가 큰 은하에는 위성 은하가 딸린 경우가 많다. 우리은하에는 적어도 스무 개 넘는 위성 은하가 있지만, 눈에 잘 띄지 않아 시간을 두고 계속 새로 발견된다. 그중 일부는 우리은하 안에 있는 별들보다 밀도가 높은 별도 있다.

또 은하는 더 큰 집단을 이루려고 하는 경향이 있다. 규모가 더 큰 은하 집단을 은하단이라고 부른다. 예를 들어 우리은하와 그에 딸린 위성 은하들은 안드로메다은하와 M33, 이들과 관련 있는 소은하를 비롯해 모두 80개의 은하와 함께 국부은하군을 이룬다. 국부은하군은 은하군 가운데 작은 편이다. 그 밖에 수천 개의 은하로 이뤄진 은하단이 있다.

이렇듯 은하가 무리를 이루는 성향을 생각하면 은하가 서로 병합된다고 해도 놀랄 일은 아니다. 천문학자들은 하늘에서 그런 사건이 일어나는 것을 계속 목격하고 있다. 병합하는 은하 가운데 가장 유명한 것은 더듬이은하다. 수억 년 동안 상호작용을 일으키는 이 두 은하는 은하의 중심부가 병합되기 시작하는 것과 함께 두 개의 더듬이, 즉 상호작용하는 변형된 나선팔을 볼 수 있다. 이런 상호작용을 통해 별이 폭발적으로 탄생하는 일이 시간을 두고 일정 기간 일어난다.

불안에 사로잡힌 사람이라면 이 시점에 자연스럽게 의문이 생길지도 모른다. 우리를 향해 다가오는 은하가 있을까? 있다면 우리는 위험해질까?

첫 번째 질문에 대한 답은 '그렇다'이다. 안드로메다은하는 우리은하를 향해 다가오고 있다. 안드로메다은하는 지금 초당 약 110킬로미터의 속도로 우리은하에 접근하고 있으며, 그 속도는 스펙트럼을 찍을 때 나타나는 청색편이로 측정한다. 측정 방법을 설명하면 이렇다. 여러분이 차를 타고 갈 때 갑자기 구급차가 지나가는 일을 경험해봤을 것이다. 구급차가 다가오는 동안 사이렌 소리는 점점 날카롭게 들리다가 차에서 멀어지면 전보다 둔해진다. 이것을 도플러효과라고 한다. 도플러효과는 빛과 같은 전자기파에서도 똑같이 나타난다.

빛을 내보내는 물체가 다가오면 실제보다 더 파랗게, 멀어지면 더 붉게 보인다. 구급차가 다가올 때는 음파의 주파수가 높아지고, 멀어지면 낮아지는 것처럼 파란빛이 빨간빛보다 주파수가 높다. 이처럼 스펙트럼으로 청색편이나 적색편이를 측정하면 나(관측자)를 기준으로 물체가 어떤 속도로 움직이는지 알 수 있다. 안드로메다은하는 파란색 쪽으로 이동하고 있으니 우리은하와 언젠가는 충돌을 일으킨다.

이 시점에서 질문이 꼬리를 문다. 그럼 안드로메다은하를 걱정해야 할까? 그 답은 바로 할 수 있다. 아니다, 걱정하지 않아도 된다. 이유는 좀 더 설명해야 한다.

먼저 은하들 사이에 일어나는 병합은 자주 발생하며, 규모가 비슷한 천체들 사이에서만 일어나는 것은 아니다. 안드로메다은하는 우리은하와 같은 규모에 속한다. 안드로메다은하가 좀 더 크기는 하지만, 우리은하 같은 나선은하다. 물론 더 작은 은하들이 병합해 규모가 큰 은하를 만들기도 한다. 타원은하가 그런 경우다. 최신 이론에 따르면 타원은하는 작은 은하들을 흡수해 점점 커진다고 한다.

우리은하에는 많은 위성 은하가 딸려 있다. 위성 은하는 중력에 의해 우리은하와 연결돼 있으며, 은하 주위를 공전한다. 30년 전 즈음 이러한 천체들이 은하 주변을 공전할 뿐 아니라 우리은하와 상호작용을 하며, 때때로 우리은하에 흡수되기도 한다는 사실이 밝혀졌다.

1994년에는 궁수자리은하가 발견됐다. 우리은하의 중심은 하늘에서 궁수자리 방향에 있으며, 궁수자리은하가 바로 그 방향에 있다. 그래서 은하 이름에 궁수자리를 붙이게 되었다. 추가 관측을 통해 별과 가스로 된 띠를 확인할 수 있었으며, 이 띠는 궁수자리은하가 우리은하 주위를 공전하면서 남긴 흔적이다. 이 띠는 지금까지 궁수자리은하가 우리은하를 기준으로 움직인 경로를 나타낸다. 과학자들에 따르면 궁수자리은하도 우리은하 주변에 열 개쯤 되는 궤적을 남겼다. 이 과정에서 궁수자리은하는 우리은하의 원반을 수없이 통과했으며, 우리은하의 중력 때문에 말 그대로 찢

겨나가 그 별들을 흔적으로 남겼다고 생각된다. 또 궁수자리은하가 경로를 지나가는 동안, 특히 9억 년 전과 3억 년 전에 흔적을 남겼다. 이동 경로에서 자신의 중심부 가까이 있던 우리은하 별들의 운동에 영향을 끼친 것으로 보인다. 하지만 궁수자리은하가 유일한 예는 아니라고 예상한다.

이러한 왜소은하가 우리은하를 공전하는 유일한 천체는 아니다. 그곳에 있는 다른 종류의 천체를 구상성단이라고 부른다. 구상성단이 어디 있는지 알려면 우리은하의 구조부터 알아야 한다.

우리은하는 거대하고 평평한 원반 형태를 띤 나선은하다. 우리은하의 반지름은 약 5만 광년, 두 개의 나선팔이 있는 지역의 두께는 1,000광년에 달한다. 그 원반 중심에 핵이 있고, 그 안에는 초거대 블랙홀이 자리한다. 원반의 나머지 부분은 나선 모양으로 둘러싼 나선팔로 되어 있다. 여기에 또 다른 게 있다. 은하 전체를 둘러싼, 오래된 별과 구상성단들로 이뤄진 구 형태의 헤일로Halo다. 구상성단은 평균적으로 수만 또는 수십만 개의 별로 된 구 형태의 별의 집단이다. 구상성단은 은하의 규모보다는 훨씬 작다. 구상성단이 있는 것은 우리은하만의 특징은 아니다. 안드로메다은하도 구상성단이 둘러싸고 있으며, 일반적으로 질량이 큰 은하는 이처럼 구상성단을 거느린다.

구상성단도 헤일로를 이루는 별처럼 나이가 많은 천체다. 어쨌든 빅뱅 이후 수십억 년이 지난 초기 우주가 어떠했는지 알아내기 위한 연구를 해왔다. 그 결과 구상성단 별에 헬륨이 포함돼 있다는 증거가 발견됐다. 빅뱅이 일어났을 때 수소와 헬륨, 약간의 리튬만 만들어졌다. 천문학자들은 리튬보다 무거운 원소를 성급하게 금속이라고 불렀지만, 화학자들에게는 당연히 조심스러운 일이었다. 다른 화학 성분은 모두 별과 초신성에서 만들어졌다. 구상성단은 일반적으로 새로운 별을 만들 수 없을 정도로 나이가 많다. 따라서 여기에 포함된 헬륨은 거의 빅뱅 당시에 만들어졌을 것으로 보인다. 현재는 원시 핵 합성, 즉 이러한 원소가 우주 초기에 만들어진 과정을 설명하는 다양한 모형이 있다. 이들 모형은 수소와 헬륨, 리튬에 대해 각기 다른 값을 예측한다. 구상성단에 헬륨이 얼마나 포함됐는지, 그 함량을 어느 정도 정확하게 알면 어떤 모형이 맞는지 판단할 수 있다. 하지만 이것이 우리가 말하려는 초점은 아니다.

구상성단은 평균적으로 작은 편에 속하며, 나이가 많은 별들로 구성돼 이렇다 할 만큼 많은 별이 태어나지 않는다. 예외도 있다. 구상성단 가운데 가장 유명한 오메가 켄타우리Omega Centauri다. 지구와 가장 가까운 성단의 하나로, 1만 6,000광년 거리에 있다. 그뿐만 아니라 수백만 개의 별이 포함돼 우리가 아는 구상성단 중에 가장 거대하며, 별의 수만 따지면 왜소은하에 견줄 만하다. 더군다나 금속 함량의 분산이 나타나며, 금속 함량이 조금씩 다른 다양한 별의 종족(항성 종족)으로 이뤄졌다. 여기서 별의 종족은 동시에 만들어진 나이가 비슷한 별들을 말한다. 이 특성은 구상성단에서는 일반적이지는 않다. 보통 구상성단은 별이 한꺼번에 형성되기 때문에 하나의 별의 종족으로 나타난다.

이상하게도 오메가 켄타우리는 여기서 끝나지 않는다. 이 성단 중심에는 블랙홀이 있다. 모든 특성을 종합했을 때 천문학자들은 오메가 켄타우리가 구상성단이 아니라 가장 바깥쪽 별들이 우리은하의 중력으로 찢긴 왜소은하의 중심부라고 결론지었다. 지구에서 13광년 떨어져 있는 캅테인의 별Kapteyn's star은 과거 오메가 켄타우리에 속해 있었다고 믿을 만한 화학적 특성을 보인다. 그뿐만 아니라 오메가 켄타우리가 구상성단이 아니라는 이론을 뒷받침한다.

요컨대 은하에서 일어나는 카니발리즘(동족포식)이 과거에 발생했으며, 우리가 말하는 이 순간에도 일어나고 있다. 그러니 우리는 안심해도 좋다. 은하들 사이에 일어나는 병합은 분명히 심각한 재난이 아니기 때문이다. 지금 여기에 우리가 이렇게 멀쩡하게 살아 있으니 말이다. 은하들은 별이 촘촘하게 모여 있는 게 아니라 대부분 빈 공간으로 채워졌다는 것을 알 수 있다. 태양과 제일 가까운 별도 4.5광년이나 떨어져 있기 때문에 은하들 사이에 일어나는 병합은 밀도가 아주 낮은 두 물체 사이에 일어나는 침투 현상이라고 생각해도 좋다. 이를테면 두 개의 가스 구름이 합쳐지는 것에 비유할 수 있겠다.

별 탈 없겠지만, 누군가는 악마의 대변인처럼 그래도 무슨 영향이든 있다고 말할지도 모른다. 천문학자들에 따르면 이러한 침투 현상이 실제로 행성에 영향을 미칠 가능성은 1,000만분의 1이다. 따라서 은하끼리 병합되는 재난이 일어날 가능성은 걱정할 필요 없다.

앞서 두 은하의 침투가 역동적인 효과, 즉 별의 운동에 변화를 줄 수 있다고 말했다. 상당히 중요한 내용이다. 은하는 거의 빈 것이나 다름없는 공간으로 채워져 있지만, 중력은 어디에나 작용하기 때문이다. 그래서 은하 안에서 새로운 별이 태어날 때마다 다른 별들의 운동에 영향을 준다. 은하에는 가스 구름과 먼지가 있으며, 이들은 서로 합쳐질 수도 있다. 마찬가지로 별의 운동에 간접적인 영향을 준다.

첫 번째 영향은 별의 탄생을 촉진한다는 것이다. 별은 은하 안에 있는 거대한 가스 구름과 먼지에서 태어난다. 여러분은 아마 독수리성운에 대해 알고 있을 것이다. 가장 유명한 성운 가운데 하나로, 별의 요람이라고 부르기도 한다. 이 거대한 성운 안에서 먼지 입자와 가스 원자들이 우연히 충돌을 일으켜 서서히 밀도가 높아지기 시작한다. 물질이 자발적으로 부딪혀 밀도가 커지는 지역에서는 중력도 커져 다른 물질을 끌어들인다. 밀도의 증가는 서서히 진행된다. 그러다가 질량과 온도가 충분한 수준에 도달하면 우리가 아는 핵융합반응이 점화한다. 곧 별이 태어난다. 설명을 덧붙이자면 가스 구름은 굉장히 크며, 일반적으로 별은 홀로 탄생하는 것이 아니라 무리를 지어 태어난다. 독수리성운은 약 70×55광년의 넓이에 걸쳐 있다. 그 규모 때문에 은하 사이의 충돌이 발생한다면, 텅 빈 공간에서 충돌이 일어날 때와 다르게 가스와 별들이 충돌하고 병합될 가능성이 있다. 이 경우 별의 탄생이 갑작스럽게 늘어날 수 있지만, 지구에서는 걱정하지 않아도 된다.

은하의 충돌로 나타날 수 있는 두 번째 영향은 앞서 말한 역동적인 형태다. 은하 간 충돌이 일어나면 별들은 중력 때문에 위치가 변하게 된다. 시뮬레이션에 따르면 현재 은하 중심에서 2만 8,000광년, 은하 평면에서는 30광년 거리에 있는 태양계는 은하핵에서 그 거리의 세 배나 더 멀리 날아가게 된다. 현재 계산으로는 상호작용이 일어나는 두 은하 밖으로 태양계가 튕겨나갈 확률이 10퍼센트나 된다. 어떤 의미인지 알아보자.

10장에서 거주 가능 지역에 관해 말했다. 생명의 발생에 필수적인 조건 가운데 하나인 액체 상태의 물이 존재하는 가능성에 관한 이야기이다. 우리는 이 개념이 은하에까지 확장된다는 이야기는 하지 않았다. 거주 가능 지역에 속하는 천체 중에는 생명에 치명적인 방사선이 나오는 경우가 있다. 그런 천체에서는 여러 극단적인 사건이 일어난다. 이를테면 초신성이 가까운 곳에서 폭발하면 모든 것을 멸종시킬 수 있다고 했다. 그러니까 은하의 거주 가능 지역에서는 생명을 품을 수 있는, 지구와 비슷한 지구형 행성이 만들어질 가능성이 높다.

이런 지역을 정의하는 요소는 많다. 우리가 아는 생명은 탄소와 산소에다 티타늄과 철도 필요하기 때문에 금속이 적당하게 포함돼야 한다. 그리고 별이 지나치게 강렬하게 태어나면 안 된다. 그렇지 않다면 초신성이 폭발할 위험성이 높아진다. 일반적으로 은하 중심에는 블랙홀이 있기 때문에 상당히 폭발적인 사건이 발생한다. 그래서 은하 중심과는 충분한 거리를 둘 필요가 있다. 우리 은하의 거주 가능 지역의 규모에 관해 아직 합의된 것은 없다. 은하 중심으로부터 약 2만 3,000광년에서 2만 9,000광년에 이르는 지역으로 보는 게 무난하다. 지구가 거주 가능 지역의 중심에 있다는 것은 전혀 놀라운 일이 아니다.

하지만 이 거주 가능 지역을 벗어난다고 해서 지구 생명이 멸종하는 것은 아니다. 멸종을 일으킬 수 있는 사건이 더 자주 일어나는, 좀 더 위험한 지역에 위치하게 되는 것뿐이다. 그러니 심각한 재난은 없다고 봐도 좋다.

지구에 충격을 줄 수 있는 다른 사건들이 있다. 그중 하나는 우리 태양계가 나선팔 지역에 있는 분자 구름과 만나는 사건이다. 태양계가 분자 구름과 충돌하면 지구 대기 중에 수소가 축적돼 반사층이 만들어진다. 이 층이 지표에 전달되는 태양열을 줄게 만들어 급작스러운 냉각이 일어날 수 있다. 눈덩이 지구Snowball earth와 관련된 이 이론은 먼 과거, 지구가 극한의 냉각기를 거쳐 완전히 얼음으로 뒤덮였을 것이라는 가정에 기초를 둔다. 지구가 분자 구름과 만나 냉각될 수 있다는 가설은 반대 의견이 많아 인정받지 못했다. 추측에 불과한 시나리오다. 그러나 불안한 우리는 걱정이 많다. 그럴 이유가 있을까?

답은 쉽고 간단하다. 걱정할 필요가 없다. 그 이유는 간단하다. 지구에서 가장 큰 위협은 조금 과장하면 안드로메다은하의 충돌이 대표적이다. 지금 지구를 향해 다가오는 속도를 바탕으로 지구와 안드로메다은하의 거리(약 250만 광년)를 계산하면 두 은하 사이의 충돌은 40억 년 동안 일어나지 않는다. 3장에서 그때가 되면 태양에서 일어나는 변화로 지구는 이미 폐허가 되고 생명체도 없을 거라고 말했다. 만일 태양이 적색거성으로 변해 지구를 먹어 치운다면 지구는 존재하지 않을지도 모른다. 우리가 그때까지 지구에 살지 못하는 게 유감스러운 이유가 있다. 태양이 지구를 삼키는 광경은 정말 장관일 테니까.

안드로메다은하는 너무 멀리 떨어져 있어 맑고 어두운 곳이 아니면 맨눈으로 확인하기가 어렵다. 앞서 말한 것처럼 이 은하는 주위에 후광처럼 보이는 헤일로가 있어서 눈으로는 흐릿한 별처럼 보인다. 안드로메다은하가 지구에 가까워지면 점점 밝아지다가 밤하늘의 멋진 장관을 펼치게 되리라. 망원경으로 이 은하의 아름다운 모습을 한 번이라도 본 적이 있는 사람이라면 우리 후손이 어떤 광경을 즐길 수 있을지 짐작할 수 있을 것 같다. 우리 태양이 태양계 행성들을 전부 쓸어버리지 않는다면 말이다. 그때가 되면 지구인은 행성 간 종족이 되어 다른 곳에서 그 장관을 볼 수 있게 될지도 모른다.

다른 은하들도 두려워할 만큼 위협적이지는 않다. 그렇다면 우주가 안전하다고 믿고 우주 재난을 찾아나선 이 여행을 끝내도 될까? 불행히도 그렇지 않다. 어떤 식으로든 지구를 위협할 만한 일들이 우주 곳곳에 도사리고 있기 때문이다.

12

진보하는 무無

이제 여행의 막바지에 이르렀다. 마지막 여정은 그 많은 위험 가운데 제일 치명적인 것일지도 모른다. 지금까지는 재난이 닥쳤을 때 도망칠 구멍이라도 있었다. 하지만 우주가 파괴된다면 도대체 어디로 피신해야 할까. 우주Universe는 라틴어로 모든 것, 만물을 의미하는 어원에서 알 수 있듯이 세상의 모든 것을 뜻한다. 우주가 스스로 멸망할 수 있을까?

영원히 지속되는 것은 없다는 가정에서 출발하기로 한다. 그렇다. 우리는 별에도 생명 주기가 있고, 은하는 변형되고 병합되며, 우주도 과거에는 지금과 전혀 달랐다는 사실을 배웠다. 그러니까 우주도 어느 시점에는 운명의 날을 맞이하리라. 그 운명이 무엇인지 알려면 한 걸음 뒤로 물러나 우주가 어떻게 현재의 모습에 이르게 됐는지 살펴봐야 한다.

모든 게 빅뱅이라는 대폭발에서 시작됐다. 그리고 우리가 보는 모든 것과 우주의 모든 물질이 한 점, 즉 특이점에 집중돼 있었다는 것을 배웠다. 우리는 이 점이 어떻게, 무슨 이유로, 어느 순간부터 팽창하기 시작했는지 모른다. 앞으로도 영영 모를 수도 있다. 더욱이 지금 우리가 아는 물리학으로는 빅뱅 이후 정말 아주 짧은 시간 동안 무슨 일이 일어났는지도 알 수 없다. 이 시간은 '플랑크의 시대'라고 불리는, 10^{-43}초의 우주에서는 눈 깜짝하는 것보다 훨씬 짧은 시간이다. 이때 무슨 일이 벌어졌는지 알려면 상대성이론과 양자역학을 통합해야 한다. 우리는 아직 그런 수준에 도달하지 못했다.

어쨌든 우주는 팽창하기 시작했고, 점차 냉각돼 기본입자가 만들어진 뒤 계속 새로운 입자들이 생성됐다. 그렇게 해서 나중에는 원자도 만들어졌다. 이 과정은 상당히 빠르게 진행돼 빅뱅 직후 약 20분 만에 끝났다. 그런데 이 과정 이전에 또 다른 아주 중요한 사건인 인플레이션이 일어났다. 아주 짧은 시간 동안(10^{-30}초) 믿기 힘들 정도로 우주가 급격하게 불어난 것인데, 여기에는 몇 가지 관측적 증거가 있다. 그 가운데 우주가 평평하다는 가정(이 내용은 앞으로 살펴보기로 한다)이 있다. 그리고 멀리 떨어진 지역은 빛이 우주의 나이보다 긴 시간 동안 달려가야 할 만큼 멀어서 서로 접촉할 가능성이 없으며, 두 지역 사이에 형태가 놀라울 정도로 비슷하다는 점이 포함됐다. 인플레이션은 빅뱅이 일어난 지 겨우 몇 초 후에 일어났고, 지금 우리가 보는 우주를 잘 설명해준다. 그런데 어떤 이유에서 그런 일이 일어났는지는 제대로 밝혀지지 않았다.

이 격동의 초기 단계를 거친 뒤 우주는 빅뱅 직후 30만 년 동안 계속 팽창했고, 결국 투명해졌다. 다시 말해 광자가 다른 입자들과 상호작용을 하지 않고, 멀리 움직일 수 있을 만큼 밀도가 낮아졌다. 이전에는 모든 것이 안개에 싸여 우리가 쓰는 망원경으로는 아무것도 볼 수 없는 상태였다.

우주의 역사를 아주 짧게, 대충 훑어보는 이 책에서 처음 소개하는 중요한 내용이 있다. 우주는 팽창하며 커지고 있다는 점이다. 우주가 팽창한다는 말이 무슨 뜻인지 이해하는 것은 쉽지 않다. 우주는 세상의 모든 것이기 때문에 팽창하는 것 안쪽에는 공간이 없다. 우주의 팽창은 작은 점들이 그려진 풍선을 부는 것과 비슷하다고 상상하면 쉽다. 풍선이 부풀어오르면 그 점들이 서로 멀어지는데, 풍선 표면에서 점의 위치가 물리적으로 달라지는 것은 아니다. 확대되는 것은 표면이다. 우주에서도 마찬가지다. 이 시점에서 꼭 나올 만한 질문은 '우주는 영원히 팽창할 것인가'이다. 그건 상황에 따라 다르다. 모든 것은 질량과 관련 있다. 팽창은 우주에 있는 모든 질량에 작용하는 중력에 의해서만 중단된다. 중력이 충분하면 팽창 속도가 조금씩 느려지고 상황에 따라 멈출 수도 있다. 역전될 가능성도 있다.

일단 역전의 가능성부터 살펴보자. 우주는 어느 순간 수축하기 시작해 점점 작아지며, 지금까지 거친 모든 단계를 되돌아간다.

그리고 어느 순간 다시 한번 모든 것이 끝나 새로운 폭발이 준비된다. 빅 크런치Big Crunch라는 이러한 형태의 우주를 닫힌 우주라고 한다. 인간은 대칭과 규칙을 좋아하기 때문에 이 이론은 나오자마자 굉장히 매력적으로 보였다. 물론 어느 시점이 되면 우리 모두 짓뭉개질 거라고 예상할 수 있다. 하지만 우주의 나이가 약 140억 년인데도 여전히 팽창하고 있기 때문에 가까운 미래에 걱정할 문제는 아닌 것 같다. 이 가설은 안타깝게도 거부됐다. 앞서 말한 암흑물질을 고려해도 우주에서 팽창을 멈출 정도로 충분한 질량은 없는 것으로 보인다. 따라서 팽창이 계속된다.

이 시점에서 생각할 수 있는 두 가지 시나리오가 있다. 팽창이 끝없이 계속되거나 아니면 진행 속도가 느려지지만, 절대 0에 도달하지는 않는다는 시나리오다. 첫 번째 이론인 열린 우주는 두 번째 이론인 평면 우주보다 질량이 작은 경우에 적용된다. 평면 우주론은 관측 사실과 잘 맞아떨어지기 때문에 훨씬 설득력이 있는 시나리오로 보인다. 여기에도 문제는 있다. 암흑물질이든 일반물질이든 물질의 밀도에는 임계밀도라는 특정한 값이 있다. 평탄한 우주가 될 거라고 생각되는 우주 밀도다. 임계밀도가 조금 더 큰지, 작은지에 따라 우주는 전혀 다른 두 가지 형태의 우주가 된다. 이렇게 특별한 상수 값은 미세조정이라는 광범위한 문제로 들어간다. 우리가 사는 우주를 작동시켜 조절하는 상수들은 놀라울 만큼 정밀하다. 약간이라도 차이가 있다면 우리 인간과 생명은 아예 존재조차 할 수 없다. 마치 주파수에 맞춘 라디오 다이얼처럼 누군가 이 상수들을 미세하게 조정한 것처럼 생각돼 그런 이름을 붙였다. 물리학자 입장에서는 짜증나는 우연의 일치일지도 모른다. 물리학에서는 대상을 아주 정밀하게 조작하는 조정자가 있다는 생각은 버리는 게 일반적이다(그렇다고 과학자가 모두 무신론자라는 뜻은 아니다. 신은 과학적으로 설명할 수 없다는 것뿐이다).

이 문제는 굉장히 광범위하고 부분적으로는 철학적이기도 하다. 하지만 지금까지 나온 해결 방법 가운데 다중우주론은 우리의 시공간 밖에 또 다른 상수를 갖는 다른 우주가 끝없이 존재할 가능성을 가정한다. 물론 이것은 순수하게 이론적으로 추측하는 세계일 뿐이다. 다중우주 모형은 수없이 많이 제시됐으며, 일부는 이론적 사유일 뿐 실제 관측으로 존재를 입증할 수 없어 제외됐다. 그 밖의 다른 이론들은 원칙적으로는 관측 가능하지만, 지금까지 어느 누구도 그 존재를 증명하지 못했다. 그러니까 현재로서는 우리 우주만 있을 뿐이다. 그리고 우리 우주는 언젠가 종말을 맞게 되리라.

닫힌 우주 모형에서는 우주의 끝은 빅 크런치이며, 빅 크런치는 나중에 또 다른 빅뱅을 일으켜 탄생과 죽음의 순환이 계속된다. 반면 열린 우주와 평면 우주의 운명은 똑같다. 빅 립Big Rip이나 빅 프리즈Big Freeze로 끝나는 것이다. 두 가지 가능성 가운데 그 어느 것도 끌리지 않는다.

우리는 우주가 팽창하고 있으며, 평면 우주 모형에 따르면 팽창 속도가 느려지고 있다는 것을 알았다. 그런데 실제 관측 결과를 보면 정확하게 그렇지는 않다. 1998년 일부 초신성의 적색편이를 측정한 결과 팽창이 가속되고 있는 것으로 나타났다. 앞서 우리가 생각한 모형에서도 예측되지 않은 결과다. 이 현상을 설명할 수 있는 유일한 방법은 암흑에너지, 즉 아직 밝혀지지 않은 에너지 형태가 팽창을 일으키는 주범이라는 것이다. 암흑에너지는 절대로 간과하면 안 된다. 계산에 따르면 우주의 약 68퍼센트가 암흑에너지로 구성돼 있다. 이로부터 우리가 사는 우주가 어떻게 이뤄졌는지 아는 게 거의 없다는 사실을 깨달을 수 있다.

우주에 암흑에너지가 얼마나 많은지에 관해서는 과학자들 사이에 합의가 이뤄지지 않았다. 암흑에너지가 충분하다면 팽창 속도가 늘어나 재난을 불러일으킬 수 있다. 시공간 자체도 우주에 있는 모든 천체와 함께 특정한 순간이 되면 어떤 방식으로든 찢기며, 입자들은 거리가 무한대로 멀어진다. 모든 게 광자와 질량이 없는 입자들로 이뤄진 균질한 가스 같은 형태가 된다. 이게 빅 립인데, 빅 프리즈도 별로 나을 것은 없다.

이런 시나리오를 과학자들은 우주의 열죽음Heat death이라고 말한다. 우주의 열죽음을 이해하기 위해서는 우리가 학교에서 배운 지식 가운데 열역학 제2법칙을 알아야 한다. 이 법칙은 고립된 시스템에서 항상 엔트로피가 증가하는 방향으로 사건이 일어난다는 것을 알려준다. 이렇게 말하면 이해하기 어려울 수도 있다. 쉽게 말하면 영구기관이 존재할 수 없는 것은 바로 이 원리 때문이다. 효율이 100퍼센트인 동력이 존재할 수 없다는 말이다. 이 원리를 이해하려면 먼저 엔트로피를 알아야 한다. 엔트로피는 시스템의 '무질서도'를 뜻한다. 살아 있는 모든 것은 고도로 질서 있는 시스템이므로 매일 생존을 위해 엔트로피를 상대로 싸우고 있다. 엔트로피가 최대인 시스템에서는 에너지가 균질하게 분포한다. 시스템이 고립돼 있다는 게 무슨 뜻일까? 외부와 접촉이 없어야 한다는 뜻이다.

모든 과학자가 동의하는 것은 아니지만, 우주도 고립된 시스템이라는 사실을 생각하면 우주에도 열역학 제2법칙을 적용할 수 있겠다. 따라서 우주에 에너지가 균등하게 분포돼 지금 우리가 관측하는 모든 우주의 구조가 더 이상 존재하지도, 만들어지지도 못하는 상태가 될 때까지 엔트로피는 증가하기만 한다. 블랙홀은 모든 것을 서서히 먹어 치우고, 나중에는 호킹 복사로 천천히 증발된다. 결국 어둡고 아무도 살지 않으며, 광자들이 흩어져 있는 곳으로 시간과 공간도 소멸되리라. 참혹한 결말이다.

그런데 이게 다가 아닐 수도 있다고 생각하는 사람도 있다. 이를테면 다중우주가 현실이라면 우리 우주 밖에 또 다른 우주가 존재할 수 있다는 말이다. 2020년 노벨 물리학상을 수상한 영국 물리학자이자 우주론자인 로저 펜로즈Roger Penrose는 닫힌 우주와 같은 진동 우주라는 새로운 개념을 제시했다. 이 우주는 팽창하는 도중에 블랙홀이 호킹 복사로 증발되면서 엔트로피를 가지고 간다. 따라서 엔트로피가 다시 감소하는 우주는 새로운 빅뱅으로 처음부터 다시 시작할 수 있다. 빅 립은 시공간이 산산조각 나기 때문에 빅뱅이 한 번 이상 일어날 수도 있다. 이처럼 우리는 추측밖에는 할 수 있는 일이 거의 없다. 실제로 빅뱅 당시에 우주는 엔트로피가 무척 낮았는데, 그 이유는 모른다. 어쩌면 우리도 펜로즈가 영겁의 시간이라고 말한, 현재 이전 우주의 산물일 수 있다. 우리는 이런 미래를 걱정해야 할까?

펜로즈가 이론화한 우주라면 별로 걱정하지 않아도 된다. 영겁의 시간은 10^{100}년이라고 한다. 우리 우주의 나이는 약 1.4×10^{10}년이니 그 영겁의 시간이 끝나려면 아직 멀었다. 열죽음은 그보다 먼 훗날의 일이다. 열죽음이 일어나려면 앞으로 10^{1076}년이 걸리는데, 이 시간은 계산조차 불가능하다. 정말 까마득한 미래다. 게다가 대부분 추측에 의한 시나리오라서 자세한 내용은 우리가 아는 물리학으로는 정확하게 예측할 수 없다. 덧붙이자면 지금까지 말한 이론에 바탕을 둔 모든 시나리오는 환상 여행이 아니다. 수학적으로 정당화된 이론들이며, 우리가 아는 물리법칙의 산물이다. 단지 무엇이 진실인지 결정할 만큼 충분히 알지 못할 뿐이다. 실험적 증거도 없다.

어쨌든 아직 종말은 멀었으니 우리가 걱정할 문제는 아니다.

그 대신 언제라도 시작될 수 있고, 훨씬 혼란스러운 메커니즘이 있다. 이 메커니즘을 이해하는 것은 2012년, 앞서 말한 LHC로 아주 특별한 발견을 하게 된 때부터 시작해야 한다. 당시 한 입자가 처음 밝혀졌는데, 그 존재에 대해서는 거의 50년 전인 1964년에 힉스 보손Higgs boson이라는 이름으로 이론화된 적이 있다. 이 입자에 대한 해석은 자유로운 편이라 많은 논문이 쏟아져나왔으며, 《빌어먹을 입자The Goddamn particle》라는 제목으로 책을 쓴 피터 힉스Peter Higgs가 '빌어먹을 입자'라고 정의했다. 그러나 출판사가 《신의 입자The God Particle》라고 제목을 바꿔 출간한 후부터 제목에서 비롯된 오해와 함께 대중에게 널리 알려지기 시작했다.

신성한 입자까지는 아니더라도 어쨌든 이 보손 입자는 굉장히 중요하다. 보손 입자는 다른 모든 입자에 질량을 부여할 수 있기 때문이다. 이러한 작용을 하는 이유는 보손 입자가 모든 공간에 스며드는 장, 즉 힉스 장의 매개자이기 때문이다. 이것은 굉장히 복잡한 개념이다. 짧게 설명하면 시공간에 스며들어 특정한 시간과 공간에서 특정한 값과 연관시키는 실체라고 할 수 있다. 좀 더 간단하게 말하면 특정한 공간에서 주어진 순간의 온도 분포가 대기 압력의 분포와 같은 장이다. 힉스 장도 이런 방식으로 상상할 수 있다. 같은 이름의 보손이 없다면 우리가 아는 물질로 된 입자는 질량이 없다. 그러니까 우리가 어떤 방식으로든 존재하며, 지금 이곳에 있게 하는 중요한 요소다. 그런데 이 요소는 위험을 불러일으킬 수도, 어떤 위험인지 예측할 수도 있다.

이 소식은 2014년 일반 언론에 다시 한 번 공표됐다. 유명한 물리학자가 관련돼 있고, 우주의 파괴까지 등장해 세간의 관심이 쏠리는 주제였기 때문이다. 실제로 그해에 스티븐 호킹이 힉스 장은 준안정적이고 어느 순간 진공 기포를 만들 수 있으며, 이 기포가 팽창해 이동하는 경로에 있는 모든 것을 파괴하다가 결국 우주를 멸망시킬 거라고 말했다. 이것은 우리가 11장에서 살펴본 양자적 의미의 진공이 아니라 안에 아무것도 없는 실제로 빈 상태다. 그 결과가 분명하다고 해도 호킹이 말한 앞부분은 솔직히 모호하다. 특히 힉스 장이 준안정적이라는 말의 뜻이 무엇인지 명확히 해둘 필요가 있다. 지금부터 힉스 장에 관해 알아보겠다.

힉스 장의 준안정적인 상태를 이해하는 것 역시 비유에 의지할 수밖에 없다. 산 위에 큰 바위가 있다고 치자. 그 바위가 계곡을 향해 굴러 내려가면서 모난 곳은 모두 닳아 없어진다. 그러다 지반이 꺼진 곳을 만나면 바위는 구르기를 멈추고 균형 상태에 놓인다. 지반이 꺼진 곳은 수학에서 말하는 극소점으로 정의할 수 있다. 이 곳은 바위가 도달할 수 있는 가장 낮은 지점(계곡에서 멈춘 지점)이 아니라 바위를 멈추도록 하는 벽이 있는 곳이다. 그러나 불안정하다. 지진이 일어나 그곳을 약하게 만들거나 파괴하면 바위는 다시 구르기 시작할 테니까.

대부분의 이론물리학자가 받아들이는 이론에 따르면 우주는 힉스 장에서 바위와 같은 상황에 있다. 즉 극소점에서 균형 상태에 도달한다. 만약 어떤 식으로든 에너지를 얻을 수 있다면(계산에 따르면 상당히 많은 양의 에너지) 바위는 극소점에서 벗어나 계곡을 굴러갈 수 있게 된다. 다시 말해 힉스 장에서 가능한 가장 작은 값인 진공을 향해 갈 수 있다. 이 시점에서 나올 만한 질문은 '그러면 우리가 걱정해야 할까'일 것이다. 첫 번째 답은 철학적인 차원에서 '아니다'이다. 어떤 경우라도 우리가 통제할 수 없으며, 대책을 세우는 것 자체가 불가능하다. 그래서 걱정할 필요가 없다. 하지만 불안하기 때문에 따르기가 어렵다. 우리는 사실과 확신을 원한다. 그래서 할 수 있는 답은 '걱정되는 일'이지만, '걱정하지 말자'에 가깝다.

우주의 나이는 140억 년에 가깝다. 우주는 이 불안정한 균형 상태에서 벗어난 적이 없다. 이 상태는 견고하다기보다 불안정한 상태다. 우리가 말하는 에너지가 굉장히 높다는 점을 생각하면, 그런 재난이 일어날 가능성은 우주 초기에 훨씬 높았다. 우주가 지금보다 어마어마하게 더 뜨거웠던 당시에 그런 가능성이 훨씬 높았다는 것이다. 그런데 그때 아무 일도 일어나지 않았으니 우리는 편안하게 잠을 청해도 된다.

또 이러한 재난이 발생할 가능성은 아주 먼 훗날에나 확인할 수 있다. 그러려면 우주는 많은 양의 에너지를 얻어야 한다. 우주에는 지금 있는 에너지가 전부다. 우주 바깥에 아무것도 없다면(현재 우리가 아는 한 소통할 수 없는 또 다른 우주는 제외한다는 전제다), 도대체 에너지를 어디서 구할까? 이 질문에 대한 답은 앞에서 논했다. 양자적 의미에서 진공은 정말 비어 있는 진공이 아니다. 입자들이 계속 생성되며 파괴되는 장소, 그러니까 우주가 이 보이지 않는 에너지를 얻기 위해 끌어들일 수 있는 곳이다. 그리고 이곳은 그 지독하게 확률이 낮은 사건이 일어나는 곳이기도 하다. 계산해보면 이런 사건은 10^{100}년에 한 번 일어난다고 한다. 지금 우주의 나이와 비교하면 비율을 따질 수 없을 만큼 까마득히 먼 미래다.

이 현상은 이론적으로 가능하며 실제로 일어날 수 있다. 하지만 그 가능성은 지금까지 알아본 다른 모든 위협적인 사건에 비해서도 압도적으로 낮다. 따라서 우리가 아무리 불안에 사로잡혔더라도 실은 전혀 걱정할 필요가 없다는 사실을 받아들여야 한다.

여기가 끝일까? 저 밖에서 도사리는 모든 위협은 먼 미래의 일이거나 통제할 수 있다. 그러니 걱정할 이유가 전혀 없다. 그럼 마음을 놓아도 될까?

이 장 앞에서 말한 것과 다르게 우리는 아직 결말에 이르지는 못했다. 정확히 말해 우주 여행은 거의 끝났지만, 다시 지구로 돌아가야 한다. 지구로 돌아가 마지막으로 제일 실체적인 위협을 들여다볼 때가 됐다.

13

적은 우리 자신이다

지금은 22세기다. 세상은 100년 전과 눈에 띄게 달라졌다. 해안 도시들은 버려졌고, 수면 위로 건물 꼭대기가 솟구친 모습도 보인다. 이제 적도 지대는 사람이 더 이상 살 수 없는 생지옥이 됐다. 그 결과 전례 없는 이주의 물결이 일어났다. 사회적 긴장은 더욱 가혹해져 통제 불가능한 상태가 됐으며, 그것만으로는 부족한지 여름에는 외출 금지까지 당하고 있다. 한낮 땡볕에 돌아다니기에는 너무 덥기 때문이다. 기온이 무려 섭씨 40도를 웃도는 폭염은 앞으로 끝나지 않을 것 같다.

겨울이라고 나을 것은 없다. 비가 거의 오지 않은 데다 겨우내 봄 기온 같았다. 하지만 봄은 더 큰 재앙이었다. 홍수와 집중호우, 산사태가 일어났기 때문이다. 5년 중에 3년이 그랬다. 여러분이 사는 지역에 극심한 가뭄이 들어도 수돗물은 하루 종일 잘 나올 것이다. 뉴스에서는 미확인 신종 바이러스가, 그것도 사람과 동물 모두에게 전염되는 바이러스가 돌고 있다고 보도한다. 여러분은 이런 비관적인 소식에 한숨을 내쉬리라. 해결 방법이 없는 전염병은 끝없이 세상을 어지럽히는데, 우리는 아직 록다운Lockdown과 사망자 수에 익숙해지지 않았다. 할아버지, 할머니들이 알프스산에서 스키복 차림으로 서 있는 오래된 사진을 보면 진한 향수를 느낀다. 이제 여름이면 북극 얼음이 완전히 녹아버리고, 이탈리아에서는 스키 시즌 같은 건 희미한 기억에나 남아 있다.

이번 여름에는 벌써 가뭄과 폭염, 전염병까지 앞서 말한 사건이 거의 다 일어났다. 이쯤 되면 무슨 이야기를 하려는지 감을 잡았을 것이다. 그렇다. 이번에는 외부에서 오는 위협이 아니다. 그와 차원이 다른, 우리 주변에서 일어나는 위협에 집중해보려고 한다. 이곳 지구에서 일어나는 일일뿐 아니라 우리 스스로가 그 중심에 있다. 그래서 내부의 위협이라는 진단에는 한 치의 의심도 없다. 우리가 하늘을 바라보면서 저 밖에서 오는 위협에 정신이 팔려 있는 동안 우리 행성에서 무슨 일인가 일어나기 시작했다.

농업이 출현하면서 인간은 지구의 풍경을 바꿔놓기 시작했다. 1만 년에서 7,000년 전 사이인 신석기 혁명 기간에 인간은 사냥과 수렵 활동에 만족하게 됐다. 그리고 나서 식량을 비축하기 위해 식물과 동물을 기르는 방법을 익혔다. 그때부터 인간 생활에는 많은 변화가 일어났다(어떤 사람들은 이때 전쟁이 탄생했다고 한다). 지구의 풍경이 달라지기 시작했으며, 인구가 급격하게 늘어나 지구 표면을 인간이 뒤덮기 시작했다.

당시의 기술 수준은 지금과 완전히 달랐고, 심각한 파괴를 일으키지 않았기에 눈에 띄게 풍경이 변하지 않았을 거라고 단정하기 쉽다. 그렇지 않았다. 인구가 적다 보니 그 여파가 한정적이었을 뿐 신석기인들도 사는 곳을 근본적으로 바꿔놓기 시작했다. 로마인들은 당시에 그들이 살던 영토에서 삼림을 심각하게 벌채했다. 배를 건조하는 한편, 당시 산업은 물론이고 추울 때 난방용으로 쓰는 에너지원으로 나무가 사용됐기 때문이다. 나무를 태우고 남은 그을음과 잔해는 최대 섭씨 0.5도까지 기온을 떨어뜨렸고, 우기가 변해 사람의 건강에도 문제가 생겼다.

유명한 모아이인상을 만든 이스터섬의 원주민 수가 줄어든 것도 생태학적 재난이 원인으로 꼽힌다. 섬의 인구가 늘어나 벌채가 횡행했고, 나무가 부족해져 생태 위기가 빠른 속도로 진행됐다. 생태 위기는 곧 사회 위기가 되어 전쟁과 이주가 일어났다. 유럽 탐험가들이 섬에 도착했을 때는 이미 키 큰 나무가 하나도 남지 않은 불모지였다. 처음에는 삼림이 무성한 곳이었을 텐데 말이다. 문명 역시 이미 쇠락했다.

인류는 오래전부터 딜레마에 직면했다. 스스로 생활 조건을 개선하는 동시에 어떻게 서식지와 자원을 파괴하지 않도록 조화시켜야 할까? 이 딜레마는 인구가 늘고 기술이 진보하면서 심각해져 지금에 이르렀다. 인류 활동은 지구의 기후를 변화시켰고, 수많은 동식물을 멸종으로 이끌었으며, 생존에 관한 문제까지 일으키고 있다. 일부 과학자는 지금 우리가 여섯 번째 대량 멸종 또는 인류세에 진입했다고 말한다. 인류세란 인간의 활동이 지구 환경을 바꾸는 지질시대를 말한다. 그러나 지구온난화로 인한 위기를 말하는 이 순간에도 어떤 사람들은 이를 전면 부정한다. 과학자들도 기후위기의 원인에 대해서는 합의하지 못했다. 심지어 지금 우리가 목격하는 기후변화의 원인이 자연에 있다고 주장하는 이들도 있다. 이런 의혹은 곧바로 해소할 수 있다. 과학은 기후변화가 인간 활동의 산물이라는 결론에 거의 만장일치로 동의한다. 인류학적 설명을 뒷받침하는 자료가 워낙 방대하고 의심의 여지가 없기 때문이다. 이와 다른 생각을 하는 사람들은 극소수에 불과하다.

지구에 인간이 출현하기 전, 아니면 기후에 큰 영향을 미칠 수 없었을 때 벌써 지구가 급격한 기후변화를 거쳤다는 반대 의견이 나올 수 있다. 실제로 그랬다. 몇 차례 빙하기가 찾아왔고, 최근에는 시간적으로나 공간적으로 재앙에 가까운 일들이 일어났다. 기원전 250년경부터 기원후 400년경까지 로마에는 극심한 더위가 찾아왔으며, 14세기부터 19세기까지는 소빙하기가 있었다. 그러나 우리가 겪고 있는 기후변화는 다르다. 지금 일어나는 현상은 전 세계적인 규모로 발생하고 있으며(소빙하기나 로마 혹서기 모두에 해당하지 않는 현상이다), 진행 속도가 매우 빠르다. 과거 수천 년에 걸쳐 일어났던 변화가 지금은 몇 십 년 안에 뚜렷하게 나타난다. 과거에는 지금 일어나는 현상과 비슷한 것은 전혀 관측된 적이 없었다.

대기 중 온실가스의 증가와 전 세계적인 기온 상승 사이에 분명한 상관관계도 드러났다. 이에 관한 메커니즘은 잘 알려져 있으니 굳이 설명할 필요 없다. 프랑스 물리학자이자 수학자인 장바티스트 조제프 푸리에Fourier, Jean Baptiste Joseph Baron(푸리에 해석, 푸리에 변환 등을 정립—옮긴이)는 1827년에 이미 지구 대기가 유리처럼 태양열을 보존하는 온실 같은 역할을 한다는 의견을 발표했다. 사실 온실효과는 우리에게 이익이 되는 방향으로 작용한다. 대기가 없는 달에는 낮에 빛을 받는 지역과 밤인 지역의 온도 차가 엄청나다(낮 지역은 섭씨 130도, 밤 지역은 영하 140도). 대기는 이러한 극심한 온도 차로부터 우리를 보호하는 동시에 지표 전체에 열을 고루 분산시켜준다.

대기가 어떻게 그런 작용을 하는지 알아보자. 파장이 짧은 태양복사는 대기를 통과해 지표에 닿는다. 이 복사는 지표에서 밖으로 그 일부가 반사되며, 일부는 흡수돼 열로 바뀐다. 이 열이 앞서 여러 번 말한 적외선이다. 지구 대기는 이 적외선 영역이 불투명해 일부는 대기 안에 갇혀 기온을 상승시킨다. 대기가 어떤 파장 영역에서 불투명한가 하는 것은 대기의 화학조성에 따라 다르다. 처음 확인된 온실가스(온실효과의 효율을 높이는 있는 가스)는 수증기였다. 이상하게 생각할 수도 있겠지만, 수증기는 가장 강력한 온실가스다. 1856년에 이미 이산화탄소는 온실가스로 확인됐고, 1960년대에는 미국 과학자 찰스 킬링Charles Keeling이 시간의 흐름에 따라 이산화탄소의 양이 늘어난다는 것을 증명했다. 18세기 후반에 산업 혁명이 시작됐다는 점을 생각하면, 상당히 오랜 기간 동안 우리가 무슨 짓을 벌여왔는지 모르고 있었음이 틀림없다. 1979년 기후위기를 주제로 한 국제회의가 처음 열렸으니 이 문제가 알려진 지 벌써 40년이 넘었다.

인간이 지구온난화를 일으켰다는 사실은 오히려 우리를 안도하게 한다. 태양이 수십억 년 안에 겪게 될 변화처럼 우리가 돌이킬 수 없는 문제가 아니다. 또 가까운 거리에 있는 초신성이나 갑자기 자멸하는 우주처럼 전혀 통제 불가능한 일이 아니기 때문이다. 지구온난화는 우리가 불러들인 일이기 때문에 막을 수 있으며, 바꿀 수 있다. 그러나 체계적인 노력과 함께 모든 사람의 뜻을 결집하는 정치력이 요구된다. 전 세계적인 대응이 시급한 인류 전체의 문제이니 말이다. 가장 먼저 떠오르는 똑같은 질문이 이 문제에도 제기된다. 그럼 걱정해야 할까? 답은 '그렇다'이다. 걱정해야 한다.

얼마 전까지 기후 문제는 가까운 미래에 일어날 수 있지만, 급박하지 않았다. 그러나 최근에는 예측했던 것보다 심각하게 진행 중이라고 생각된다. 특히 2022년 초여름과 한여름의 무시무시한 더위와 같은 해 파키스탄에서 발생한 재앙 같은 홍수가 문제의 심각성을 증명한다. 2023년 여름에는 남반구에서, 특히 아르헨티나 사람들이 엄청난 폭염에 시달렸다.

물론 지구 기후는 복잡한 시스템으로 이뤄져 있어 문제를 푸는 것은 간단치 않다. 우선 한 가지를 명확히 하자면 기후는 장기간 대기 조건을 바탕으로 표면화된다. 예를 들어 특정 장소의 기온, 강수량의 평균 특성과 관련된 모든 것이 기후다. 태풍이나 폭염, 폭설은 일시적이며 지역적인 현상으로, 기상학에서는 날씨에 속한다. 분명히 기후변화가 기상 조건에 영향을 끼치기는 하지만, 상관관계는 과학적으로 확인돼야 한다. 이것은 이따금 고도가 낮은 지역에서 일어나는 한파와 폭설이 지구온난화와 관련 없다는 증거라고 말하는 사람들이 들어야 하는 답이다. 이처럼 단발성으로 일어나는 기상 현상은 평균 추세로 처리하지 않으며, 보통 날씨에서 벗어난 편차일 뿐이다. 그러나 표준을 벗어난 편차가 크다면 변화(트렌드)가 진행되고 있다는 실질적인 증거가 된다.

단 한 번 일어나는 홍수는 기후변화와 상관관계를 따지기 어렵다. 하지만 이탈리아에서 홍수의 발생 빈도가 늘어나는 것은 명백히 지구온난화의 결과다. 역설적으로 지구의 어떤 지역에서 한파가 자주 일어나는 것도 마찬가지다. 실제로 기후변화에 대한 예측과 관측에서 나타난 특성 중 하나는 극단적인 사건의 발생 빈도와 강도가 늘어난다는 점이다. 이전에는 아주 드물게 발생하던 폭염이 요즘은 꽤 잦아졌다. 반대로 단 한 번의 기상 현상도 아주 방대한 기후변화와 관련 있을 수 있다. 이탈리아 북부에서 가뭄이 늘어나는 일이 그런 경우다. 2023년 2월 진행한 연구에서 과거에는 가뭄의 발생 빈도가 낮았고, 지리적으로 덜 광범위했다는 사실이 증명됐다. 그런 현상이 일어나는 원인도 밝혀졌다. 토양과 식물에서 수분이 증발해 고기압(화창한 날씨를 만드는 기압) 지역의 규모가 늘어났기 때문이다.

직접 측정하는 이런 영향 말고도 우리가 걱정해야 할 일은 수없이 많다. 지금 지구온난화로 해수면이 높아지고 있다. 이것은 북극과 남극 지역의 빙하뿐 아니라 여러 산맥의 얼음까지 녹아내린 현상의 직접적인 여파다. 세계 인구의 40퍼센트가 해안에서 100킬로미터 이내에 살고 있으며, 그중 다수가 나중에 집을 한 채도 못 갖게 될지도 모른다. 몰디브군도처럼 섬 전체가 바다에 삼켜지게 될 지역도 있다. 분명히 대거 이주 현상을 불러일으킬 것이며, 지구에서 상당한 지역이 사막이 되면 더 심각해지리라. 유럽 전체도 마찬가지지만, 특히 이탈리아는 기후변화에 노출이 많은 지역에 있으므로 안전하지 않다.

폭염도 위험한 것은 마찬가지다. 매년 전 세계에서 수만 명이 폭염으로 사망한다. 공중보건 환경에 미치는 또 다른 영향은 전염병의 증가다. 기후변화는 사람뿐 아니라 동물까지 이주하게 만든다. 생태학적 서식지가 바뀌거나 파괴되면 그곳에 살던 무리가 이동할 수밖에 없다. 그 결과 지금까지 분리돼 있던 종들이 공존하게 되고, 인간도 다른 종들과 함께 사는 기회가 늘어날 수밖에 없다. 우리가 사는 도시에 먹이를 찾으러 온 야생동물이 출몰하고 있으며, 갈매기를 비롯한 동물들도 도시 생활에 적응하기 위해 고유의 습성을 근본적으로 바꿨다.

현재는 야생동물 사이에서만 전염되지만, 잠재적으로 인간까지 감염시킬 수 있는 바이러스가 최소 1만 종이 있다고 추정된다. 한때 분리돼 있던 종들이 접촉하고, 야생동물과 인간이 같은 공간을 공유하는 일이 점점 잦아지면 스필오버Spillover, 즉 바이러스가 한 종에서 다른 종으로 감염될 가능성이 더 높아진다. 전염 가능성은 최대 4,000배까지 늘어날 수 있다고 추정된다. 이제 전염병은 더 이상 상대적이고 특별한 사건이 아니라 일반적인 현상이 되고 있는지도 모른다.

이러한 예는 기후변화로 인한 여파의 일부에 지나지 않는다. 예측하기 어려운 다른 문제도 산재해 있다. 이처럼 복잡한 시스템의 특징은 본질적으로 예측 불가능하다는 점이다. 기후에 영향을 미치며 단계적으로 다른 모든 것에 영향을 주는 현상들이 많지만, 아직 제대로 평가받지 못했다. 한 예로 시베리아의 얼어붙은 땅인 영구동토가 녹으면, 또 다른 막강한 온실가스로 지목되는 메탄이 대량 방출될 수 있다. 영구동토가 녹으면 녹을수록 더 많은 메탄이 방출되며, 기온은 올라간다. 그로 인해 더 많은 동토가 다시 녹을 수도 있다.

이 시점에서 두 가지 문제를 명확히 해야 할 것 같다. 첫째 기후변화가 인류를 멸종시키기 어렵다는 점이다. 위험 평가에서는 모든 가능성을 고려하는 게 중요하다. 따라서 아주 극단적인 시나리오까지 검토하는 게 옳지만(우리는 팬데믹을 통해 힘들게 배웠다), 어쨌든 우리는 거의 가능성이 없는 사건에 관해 말하고 있다. 그러나 가능성이 희박하다고 안심하면 곤란하다. 대량 멸종 사건은 항상 기후변화와 연관돼 있었으며, 사회 붕괴와 사망률 증가는 물론이고 생활 조건의 전반적인 악화는 서둘러 조치하지 않으면 언젠가 일어날 일들이다.

밝혀야 할 미신이 있다면 지구 생명의 멸종이다. 그러나 안심해도 좋다. 기후변화가 그런 심각한 영향을 끼치지는 않을 것으로 보이기 때문이다. 이 책에서 본 것처럼 생명체는 놀라울 정도로 강하며, 기후변화도 이겨낼 수 있다. 물론 많은 종이 인간의 행동에 대한 대가를 치르게 될 것이고, 지금 치르고 있다. 최근 5세기 동안 전체 생물종의 7.5퍼센트에서 13퍼센트가 멸종했다. 그런데도 생명은 계속 이어질 것이며, 당연히 인간이 지구를 완전히 파괴하지는 못하리라. 그러나 앞서 본 것처럼 태양은 지구를 파괴할 가능성이 크다.

지금 우리는 지구를 '우리'에게 살기 좋지 않은 곳으로 만들고 있다. 그 일이 지금 벌어지고 있다. 생활 조건을 개선하려는 의도로 시작했지만, 상황은 오히려 더 악화되고 있다. 지금까지 우리가 살아온 은신처를 망치고 있다. 당연히 인류는 그 결과에 적응할 수 있겠지만, 동시에 어떤 대가를 치르게 될까? 우리의 행동에 대한 대가를 지불하는 것은 바로 자신이다. 그러나 희망 섞인 소식도 있다. 그게 무엇이든 우리는 조처할 수 있다는 사실이다. 여기에는 우리가 불식시켜야 할 마지막 신화가 있을지도 모른다.

우리는 흔히 기후변화가 피할 수도, 돌이킬 수도 없다고 생각한다. 우리는 제동을 걸 수 없는 메커니즘을 가동했으며, 언젠가 모두를 무너뜨릴 것이라고 생각한다. 하지만 그렇지 않다. 그건 위험한 사고방식이다. 지금까지 우리가 선택한 것을 계속하기 위한, 어쩌면 더 악화시킬 수 있는 알리바이를 제공하는 섣부른 판단이 아닐까. 그렇다면 희망 자체가 사라져버리기 때문이다. 우리는 아직 무언가를, 그것도 아주 많은 것을 실행에 옮길 수 있다. 시간은 끝나지 않았다. '더 잘하려다가 일을 망친다'는 말이 지금 상황에 딱 들어맞는다. 지금 진행 중인 프로세스를 역전시킬 수는 없지만, 적어도 완화하거나 늦출 수 있다. 우리는 생명을 구하는 동시에 최악의 결과만은 피해야 한다.

지구의 온도 상승률을 섭씨 1.5도 이하로 유지하면 2100년 이전에 해수면 상승을 0.5미터 줄일 수 있다. 그러나 아무런 중재 없는 최악의 시나리오라면 기온은 섭씨 4도, 해수면은 세 배나 상승할 수 있다. 해안 근처에 사는 사람들에게 그만큼의 해수면 상승은 대단히 큰 수치다. 산업화 이전 시대에 비해 현재 온도는 섭씨 1.1도 올라갔으며, 2.7도까지 올라간다면 기온이 안정되더라도 녹아내리는 극지의 빙하는 되돌릴 수 없다. 이 역시 우리가 아직 극복하지 못한 난관이다.

해류도 기후에 영향을 끼치는 중요한 요소다. 대서양 남쪽에서 북쪽으로 흐르는 해류는 미국과 아프리카, 유럽의 강우량을 조절하는 중요한 역할을 한다. 이 해류의 속도는 20세기 후반에 비해 약 15퍼센트 정도 느려지고 있다. 앞으로 계속 이렇게 줄어든다면 유럽과 아프리카의 비는 남쪽으로 이동하고, 해수면은 30센티미터 더 높아지게 된다. 다행히 이것을 멈추거나 늦출 수 있다.

구체적으로 무엇을 어떻게 해야 할까? 먼저 온실가스 배출을 줄이는 일부터 시작해야 한다. 2020년 팬데믹이 완화된 뒤, 2021년 온실가스 배출이 다시 6퍼센트가 늘어나기 시작한 것을 보면 우리는 갈 길이 먼 것처럼 보인다. 그러나 일부 진전도 있었다. 제27차 유엔기후변화협약 당사국총회에서 경제 강국들이 기후변화로 피해를 당한 극빈자들에게 보상하도록 했다. 서구에서 환경을 훼손하면서 이룬 복지 계획과는 완전히 다른, 친환경적인 발전 계획을 세울 수 있도록 돕는 보상 기금이 설치된 것이다. 작은 움직임인데다 협의 내용도 모호하지만, 어쨌든 출발점에 선 셈이다.

규모가 작은 일로는 친환경 이동 수단(지속 가능한 교통)과 나무 심기를 장려하는 일이 있다. 브라질에서 룰라Lula 대통령이 당선돼 아마존 삼림 보호에 대한 희망이 생겼다. 또한 나무와 기술적인 방법을 통해 대기의 이산화탄소를 제거하기 위한 대책을 연구하고 있다. 아이슬란드에서는 매년 최대 4,000톤의 이산화탄소를 저

장할 수 있는 세계 최대 규모의 이산화탄소 포집 시설이 가동된다. 이 시설은 네 개의 유닛으로 구성된다. 대형 팬으로 공기를 흡입해 이산화탄소를 분리한 뒤 지하로 운송해 광물 형태로 저장하는 방식으로 운영된다.

기후 공학처럼 반대하는 사람이 많은 방안도 있다. 대기에 빛을 반사하는 입자를 뿌려 폭발하는 화산에서 분출되는 화산 먼지 같은 작용을 하도록 만드는 것이다. 이 입자는 적어도 일부 지역의 기온은 낮출 수 있다. 하지만 문제가 많다. 우선 문제의 원인을 해결하지 못한다. 시간적으로나 공간적으로 한정된 범위에 쓰기 때문에 일시적으로밖에 사용할 수 없다. 또 기술적으로 숙성되지 않았으며, 소규모 지역에서 한정된 시간 동안만 시험했다. 게다가 대기에 이런 입자를 한 번 방출하면 국경을 넘어 퍼져나가므로 국제적인 합의가 필요하다. 한마디로 급박한 상황에서 선택하는 응급 대책에 지나지 않는다.

결론을 말하면 걱정해야 하는 것은 맞다. 하지만 걱정해봐야 소용없는, 오히려 우리를 마비시키는 해로운 걱정은 금물이다. 우리가 친숙한 걱정에 빠지기보다 스스로 행동하게 만드는 적극적인 고민이 필요한 때다. 시간이 없는 것도 사실이다. 그럼에도 대책을 세우고 상황이 악화되지 않도록 이끌어갈 여지는 남았다. 우리의 여행은 여기서 끝낸다.

에필로그

우리의 여정은 길었다. 바로 코앞에 도사리는 위협에서 출발해, 우주 저 끝에서 오는 것까지 살펴봤다. 그러는 동안 작은 천체로부터 상상을 초월하는 광활한 공간을 지나왔다. 우리는 우주 저 끝보다 바로 현관 앞을 걱정해야 한다는 것을 알았다. 거리가 멀수록 일어날 가능성은 낮고, 시간적으로 먼 미래의 일이라는 것도 터득했다. 이 여행에서 우리는 우주에서 벌어지는 현상과 원리에 관해 많은 것을 알았고, 두려워할 만한 게 예상 외로 많지 않다는 결론에 이르렀다.

우리 조상들이 생각한 것과 다르게 우주는 우리를 위해 만들어지지 않았으며, 우리도 우주를 위해 태어난 존재가 아니었다. 우주는 일상적 경험과는 거리가 먼 사건들로 가득하며, 대부분 인간이 살 수 없는 곳이다. 그렇다, 지구 밖에는 인간이 목숨을 잃을 수 있는 방식이 헤아릴 수 없이 많다. 우리는 어떤 것의 중심에 있지 않으며, 정상에 우뚝 선 존재도 아니다. 우주는 끝없이 펼쳐졌고 무심하며, 우리와 상관없이 거기에 있다. 우리는 아무런 영향도 미치지 못한다. 그저 우주가 어떻게 이뤄졌고, 어떻게 변화하는지 알기 위해 노력할 뿐이다. 그러나 태양이라는 이름의 저 별과 그 어떤 존재보다 발달한 우리의 뇌를 생각해보라. 그 덕분에 우리는 이 행성에서 생존한다. 이를 생각하면 우주는 그 자체로 대단한 작품이라고 할 수 있다. 여기에 난관이 있다.

칼 세이건은 천왕성 주변에서 탐사선이 찍은, 끝없이 펼쳐진 공간에 희미하게 빛나는 지구를 보며 이렇게 말했다. 우리가 저 광활한 우주에서 살 수 있는 곳은 창백한 푸른 점Pale blue dot, 즉 지구밖에 없다. 이 우주에서 생명이 얼마나 자주 출현하는지, 다른 곳에서 또 다른 생명이 태동하는지 우리는 알 수 없다. 어쩌면 우주에는 우리 밖에 없을지도 모른다.

우리는 지구라는 특별한 우주선을 타고 날아간다. 이 우주선은 수백만 년 동안 우리를 호모Homo라는 종으로 태동시켜 성장하게 만들었고, 영양분을 공급했다. 우리가 아는 한 이 우연한 기적 덕분에 지금 여기 서 있다. 역설적이지만 우리를 멸종시키기 위해 펼쳐놓은 그 많은 덫, 우주에 도사리는 그 모든 위협 가운데 가장 파괴적인 것이 우리 자신이라는 걸 뒤늦게 깨달았다.

저 밖에 도사리는 위협에는 스스로 자초한 것만큼 급박한 것은 없다. 그처럼 한시라도 방심하면 안 되는 것은 없다. 우리는 잘하고 있다고 믿었다. 하지만 그동안 법칙을 무시하고 살았다. 이 책을 쓰면서 알게 된 인간의 지칠 줄 모르는 탐욕과 발전, 추락의 원인 가운데 우리는 열역학 제2법칙을 간과했다. 이제 알게 됐으니 행동에 옮길 수 있다. 그렇다. 말은 쉽지만 행동에 옮기는 것은 말처럼 쉽지 않다. 개인적으로나 공동체의 일원으로 우리가 모두 한 배에 탔다는 자각은 무엇보다 중요하다. 그런 공통된 인식을 인류 전체가 깨닫고, 공유한 것을 행동으로 옮기면 문제를 해결할 수 있다. 이렇게 말하면 유토피아를 꿈꾸는 것처럼 보일지도 모르겠다. 하지만 추구할 만한 가치가 있는 꿈이다. 저 암울한 미래를, 그리고 죽음을 원치 않는다면 남는 답은 이것뿐이다. 위험에서 우리를 탈출시킬 수 있는 것은 오직 우리의 의지다.

우주는 결코 단기간에 우리를 멸종시키지 않으리라. 하늘에서 거대한 천체가 떨어져 지구에 충격을 줄 가능성이 있는 최악의 사건은 이미 대비하고 있다. 생명의 법칙은 가혹하다. 미래 언젠가 우리는 멸종과 마주하게 되리라. 태양이 지구를 삼키더라도, 인류가 희미한 기억으로 남게 되더라도, 어쩌면 그마저 남지 못하더라도 실제로 아무것도 바뀔 것은 없다. 우리 자신 외에 우리의 생존을 위해 싸워줄 존재는 존재하지 않는다. 더 나은 미래를 건설할 수 있는 것은 오직 우리 자신밖에 없다.

어느 명언처럼 우리는 하늘이 아니라 땅을 봐야 한다. 거울 속의 자신을 보면서 누가 진짜 적인지 깨달아야만 한다. 우리가 미래에 끝까지 살아남는 것은 그 무엇보다 중요하기 때문이다.

불안한 사람들을 위한 천체물리학

우주 재난에 맞서는 13가지 행동

1판 1쇄 인쇄 | 2024년 12월 24일
1판 1쇄 발행 | 2025년 1월 14일

지은이 | 리치아 트로이시
옮긴이 | 김현주
감수자 | 문홍규

펴낸이 | 박남주
편집자 | 박지연
디자인 | 남희정
펴낸곳 | 플루토

출판등록 | 2014년 9월 11일 제2014-61호
주소 | 07803 서울특별시 강서구 마곡동 797 에이스타워마곡 1204호
전화 | 070-4234-5134
팩스 | 0303-3441-5134
전자우편 | theplutobooker@gmail.com

ISBN 979-11-88569-78-6 03440

• 책값은 뒤표지에 있습니다.
• 잘못된 책은 구입하신 곳에서 교환해드립니다.